周期表

族/周期	10	11	12	13	14	15	16	17	18
1									2 **He** ヘリウム 4.003
2				5 **B** ホウ素 10.81	6 **C** 炭素 12.01	7 **N** 窒素 14.01	8 **O** 酸素 16.00	9 **F** フッ素 19.00	10 **Ne** ネオン 20.18
3				13 **Al** アルミニウム 26.98	14 **Si** ケイ素 28.09	15 **P** リン 30.97	16 **S** 硫黄 32.07	17 **Cl** 塩素 35.45	18 **Ar** アルゴン 39.95
4	28 **Ni** ニッケル 58.69	29 **Cu** 銅 63.55	30 **Zn** 亜鉛 65.38	31 **Ga** ガリウム 69.72	32 **Ge** ゲルマニウム 72.63	33 **As** ヒ素 74.92	34 **Se** セレン 78.97	35 **Br** 臭素 79.90	36 **Kr** クリプトン 83.80
5	46 **Pd** パラジウム 106.4	47 **Ag** 銀 107.9	48 **Cd** カドミウム 112.4	49 **In** インジウム 114.8	50 **Sn** スズ 118.7	51 **Sb** アンチモン 121.8	52 **Te** テルル 127.6	53 **I** ヨウ素 126.9	54 **Xe** キセノン 131.3
6	78 **Pt** 白金 195.1	79 **Au** 金 197.0	80 **Hg** 水銀 200.6	81 **Tl** タリウム 204.4	82 **Pb** 鉛 207.2	83 **Bi*** ビスマス 209.0	84 **Po*** ポロニウム (210)	85 **At*** アスタチン (210)	86 **Rn*** ラドン (222)
7	110 **Ds*** ダームスタチウム (281)	111 **Rg*** レントゲニウム (280)	112 **Cn*** コペルニシウム (285)	113 **Nh*** ニホニウム (284)	114 **Fl*** フレロビウム (289)	115 **Mc*** モスコビウム (288)	116 **Lv*** リバモリウム (293)	117 **Ts*** テネシン (293)	118 **Og*** オガネソン (294)

63 **Eu** ユウロピウム 152.0	64 **Gd** ガドリニウム 157.3	65 **Tb** テルビウム 158.9	66 **Dy** ジスプロシウム 162.5	67 **Ho** ホルミウム 164.9	68 **Er** エルビウム 167.3	69 **Tm** ツリウム 168.9	70 **Yb** イッテルビウム 173.1	71 **Lu** ルテチウム 175.0
95 **Am*** アメリシウム (243)	96 **Cm*** キュリウム (247)	97 **Bk*** バークリウム (247)	98 **Cf*** カリホルニウム (252)	99 **Es*** アインスタイニウム (252)	100 **Fm*** フェルミウム (257)	101 **Md*** メンデレビウム (258)	102 **No*** ノーベリウム (259)	103 **Lr*** ローレンシウム (262)

Guide to Materials Science and Engineering

物質工学入門シリーズ

基礎からわかる
分析化学

ANALYTICAL CHEMISTRY

加藤 正直
塚原 聡
［共著］

森北出版株式会社

シ リ ー ズ 編 集 者

笹本　忠
神奈川工科大学名誉教授　工学博士

高橋　三男
東京工業高等専門学校名誉教授
大妻女子大学家政学部教授　理学博士

執　筆　者

加藤　正直
第1章，第2章，第3章，第4章，第5章
付録：A，B，C

塚原　聡
第6章，第7章
付録：D

●本書のサポート情報を当社 Web サイトに掲載する場合があります．
下記の URL にアクセスし，ご確認ください．
　　　　　https://www.morikita.co.jp/support/

●本書の内容に関するご質問は，森北出版 出版部「（書名を明記）」
係宛に書面にて，もしくは下記の e-mail アドレスまでお願いします．
なお，電話でのご質問には応じかねますので，あらかじめご了承く
ださい．
　　　　　editor@morikita.co.jp

●本書により得られた情報の使用から生じるいかなる損害について
も，当社および本書の著者は責任を負わないものとします．

■本書に記載されている製品名，商標および登録商標は，各権利者
に帰属します．

■本書の無断複写は著作権法上での例外を除き禁じられています．
複写される場合は，そのつど事前に（一社）出版者著作権管理機構
（電話 03-5244-5088，FAX 03-5244-5089，e-mail:info@jcopy.or.jp）
の許諾を得てください．

シリーズまえがき

　いつの時代でも，大学・高専で行われる教育では，教科書の果たす役割は重要である．編集者らは，長年にわたって化学の教科を担当してきたが，その都度，教科書の選択には苦慮し，また実際に使ってみて不具合の多いことを感じてきた．

　欧米の教科書の翻訳書には，内容が詳細・豊富で丁寧に書かれた良書が多数存在するが，残念なことにそのほとんどの本が，日本の大学や高専の講義用の教科書に使うには分量が多すぎる．また，日本の教科書には分量がほどよく，使いやすい教科書が多数あるが，その多くは刊行されてからかなりの時間がたっており，最近の成果や教育内容の変化を考慮すると，これもまた現状に合わない状態にある．

　このような状況のもとで教科書の内容の過不足を感じていたときに，大学・高専の物質工学系学科のための標準的な基礎化学教科書シリーズの編集を担当することとなった．この機会に教育経験の豊富な先生方にご執筆をお願いし，編集者らが日頃求めている教科書づくりに携わることにした．

　編集者らは，よりよい教育を行うためには，『よき教育者』と『よき教科書』が基本的な条件であり，『よき教科書』というのは，わかりやすく，順次読み進めていけば無理なく学力がつくように記述された学習書のことであると考えている．私どもは，大学生・高専生の教科書離れが生じないよう，彼らに親しまれる教科書となることを念頭の第一におき，大学の先生と高専の先生との共同執筆とし，物質工学系の大学生・高専生のための物質工学の基礎を，大学生・高専生が無理なく理解できるように懇切丁寧に記述することを編集方針とした．

　現在，最先端の技術を支えているのは，幅広い領域で基礎力を身につけた技術者である．基礎力が集積されることで創造性が育まれ，それが独創性へと発展してゆくものと考えている．基礎力とは，樹木に喩えると根に相当する．大きな樹になるためには，根がしっかりと大地に張り付いていないと支えることができない．根が吸収する養分や水にあたるものが書物といえる．本シリーズで刊行される各巻の教科書が，将来も『座右の書』としての役割を果たすことを期待している．

シリーズ編集者
笹本　忠・高橋三男

はじめに

　いわゆる『ものづくり』が叫ばれている昨今の状況では，分析化学は，化学の分野でも比較的地味な分野に属している．しかし，『ものづくり』を行ううえで，どの化合物がどれだけできているのかを調べることは最も重要で，かつ基本的なことである．分析化学は，まさに『いま手元にあるものが何であるのか』，『どのような成分でできているのか』，『成分の割合や濃度はどれだけであるのか』を調べる手段として存在し続けてきた．

　いうまでもなく，化学は古代エジプト・ギリシャに自然発生的にはじまり，中世イスラムを経て二千数百年以上の歴史をもち続けている．多くの先人達は，あるときは純粋な学問的興味に燃え，またあるときは私利私欲のために，数え切れないほどの実験をし，数え切れないほどの化合物を生み出してきた．そのうちの多くのものは目的に合致しないために破棄され，今日まで生命を保ち続けている物質は，それらのうちのほんの一部に過ぎないかもしれない．

　化学的に合成された物質がなぜ役に立たないのか，あるいはなぜ役に立つのかを分子レベルで解明することは重要である．その点で，分析化学は日常の化学的研究において避けては通れない技術であり，理論である．そして，これからも存在し続けるであろうという意味において，分析化学は化学の基礎をなす科学といえる．

　今日，化学分析というと機器分析が主流といってもいいだろう．高価な機器に分析したい試料を投入すれば，人間に代わって機器が操作をし，分析結果を表示するようになった．機器分析法には多くの利点があるために，1970年代以降，機器分析法は確実にその裾野を広げている．そのような風潮の中で，昔ながらの滴定法を主とする湿式分析には接する機会が少なくなりつつあり，湿式分析はともすると古臭い技術のように思われるかもしれない．しかし，現在も研究現場，あるいは工場の品質管理部門では営々と行われている技術である．また，機器分析を正しく有効に行うには，湿式分析の手法を熟知しておく必要があることを強調しておきたい．

　長年にわたる先人達の分析化学に関する膨大な知識は，整理され，体系づけられることによって学問となり，今日に至っている．そして，その基礎に基づいて，多くの分析法が提案されている．その意味では，分析化学のテキストの書き方の一つとして，個別の元素，あるいは化合物について分析法を記述することも可能である．しかし，この方法で記述を行うと大部の書物となり，かつ初学者にとってはかえってわかりにくくなる．そのため，本書では，個別の元素の分析法を逐一説明することは避け，分析化学の基礎を記述することによって，分析化学全体を見渡せるように試みた．

その結果，多くの数式が登場することになったが，整理して覚えればそれほど面倒ではないことに気づいてほしい．また，数式を扱うことで，科学の論理がすっきりと見えてくることを初学のうちに知ることは意味あることと考え，丁寧に記述した．今日，化学を志す若者の数式離れがみられるが，本書では基本となる式の導出も丁寧に行っている．導出法を身につけることによって，別に学ぶことになるであろう，無機化学や物理化学の分野においても十分学習の役に立つものと信じている．

　また，何箇所かにイラストを入れた．もとより，分子の運動と変化の結果現れる化学的世界を停止した絵で示すことには無理がある．できるだけ，注釈も加えたが，読者の理解の参考になってくれることを望んでいる．

2009 年 9 月

執筆者一同

目次

第1章　分析化学の基礎 — 1
1.1　モルと濃度 — 1
- 1.1.1　原子量とモル — 1
- 1.1.2　化学式と分子量 — 1
- 1.1.3　組成式と式量 — 2
- 1.1.4　濃度（容量モル濃度）— 3
- 1.1.5　分析濃度 — 3
- 1.1.6　その他の濃度の表し方 — 4

1.2　化学平衡 — 4
- 1.2.1　平衡 — 4
- 1.2.2　平衡の移動 — 5
- 1.2.3　平衡式と平衡定数 — 6
- 1.2.4　いろいろな平衡 — 6

演習問題1 — 8

第2章　酸塩基平衡と中和滴定 — 10
2.1　酸塩基の定義 — 10
- 2.1.1　電解質 — 10
- 2.1.2　酸と塩基 — 11

2.2　水の解離平衡と酸-塩基の尺度 pH — 12
- 2.2.1　水のイオン積 — 12
- 2.2.2　pH — 12

2.3　強酸と強塩基の水溶液の水素イオン濃度 — 14
- 2.3.1　強酸の希薄な水溶液中での水素イオン濃度 — 15
- 2.3.2　強塩基の希薄な水溶液中での水素イオン濃度 — 17

2.4　弱酸の水溶液，弱塩基の水溶液 — 17
- 2.4.1　酸解離定数と塩基解離定数 — 17
- 2.4.2　弱酸の水溶液のpH — 18
- 2.4.3　弱酸の解離度 — 21
- 2.4.4　弱塩基の水溶液のpH — 22

2.5　弱酸の塩の水溶液 — 23
2.6　弱酸とその塩を含む水溶液 — 25
- 2.6.1　弱酸と強塩基の塩からなる混合溶液 — 25
- 2.6.2　緩衝溶液 — 27
- 2.6.3　緩衝能 — 28

2.7　多塩基酸組成のpH依存性 — 29
- 2.7.1　多塩基酸と逐次解離定数 — 29
- 2.7.2　多塩基酸の水溶液の組成 — 29
- 2.7.3　多塩基酸溶液の水素イオン濃度 — 31
- 2.7.4　多塩基弱酸の塩の水溶液 — 32

2.8　中和滴定と酸-塩基指示薬 — 35
- 2.8.1　中和滴定 — 35
- 2.8.2　強酸-強塩基の滴定曲線 — 35
- 2.8.3　弱酸-強塩基の滴定曲線 — 36
- 2.8.4　酸-塩基指示薬 — 37

演習問題2 — 38

第3章　沈殿平衡と分別沈殿 — 40
3.1　沈殿平衡と溶解度積 — 40
- 3.1.1　沈殿過程 — 40
- 3.1.2　沈殿平衡と溶解度積 — 41

3.2　分別沈殿 — 44
3.3　金属陽イオンの系統的定性分析 — 46
- 3.3.1　第1属イオン — 47
- 3.3.2　第2属イオン — 47
- 3.3.3　第3属イオン — 47
- 3.3.4　第4属イオン — 47
- 3.3.5　第5属イオン — 47
- 3.3.6　第6属イオン — 48

3.4　沈殿滴定 — 48
- 3.4.1　銀滴定 — 48
- 3.4.2　滴定指示薬 — 49

演習問題3 — 51

第4章　錯生成平衡とキレート滴定 — 52
4.1　錯体の生成 — 52
- 4.1.1　錯体の生成 — 52
- 4.1.2　ルイスによる酸-塩基の定義 — 53
- 4.1.3　配位子 — 54
- 4.1.4　キレート — 54

4.2　錯生成定数 — 55
- 4.2.1　錯体の生成定数-全生成定数と逐次生成定数 — 55

4.3　存在化学種の濃度依存性 — 57
4.4　pHの影響 — 58
- 4.4.1　配位子に対する影響 — 58
- 4.4.2　条件生成定数 — 59
- 4.4.3　水酸化物イオンの影響 — 59

4.5　金属指示薬とキレート滴定 — 61
- 4.5.1　キレート滴定と金属指示薬 — 61
- 4.5.2　キレート滴定における平衡 — 62

4.6　錯生成による沈殿の溶解 — 63

演習問題4 — 64

第5章　溶媒抽出 — 65
5.1　2相間分配平衡と溶媒抽出 — 65
5.2　有機酸の分配 — 67
5.3　金属錯体の分配平衡と金属イオンの分離 — 68
- 5.3.1　金属錯体の分配平衡 — 68
- 5.3.2　溶媒抽出による金属イオンの分離 — 70

演習問題5 — 71

第6章　酸化還元平衡と滴定 — 72

6.1　電池と起電力 — 72
- 6.1.1　イオン化傾向 — 72
- 6.1.2　電池の構成 — 73
- 6.1.3　電池図式 — 73
- 6.1.4　起電力 — 74

6.2　標準酸化還元電位 — 74
- 6.2.1　半反応 — 74
- 6.2.2　標準酸化還元電位 — 75

6.3　ネルンストの式と起電力 — 76
- 6.3.1　ネルンストの式 — 76
- 6.3.2　起電力 — 77

6.4　起電力と酸化還元平衡 — 78
- 6.4.1　電極反応の平衡 — 78
- 6.4.2　平衡状態への移行 — 79
- 6.4.3　酸化還元平衡定数 — 79

6.5　酸化還元平衡に与える共存物質の影響 — 80
- 6.5.1　水素イオン濃度(pH)の影響 — 80
- 6.5.2　沈殿試薬の影響 — 81
- 6.5.3　金属錯体を生成する配位子の影響 — 83

6.6　水溶液の電位 — 84
- 6.6.1　水溶液内の酸化還元平衡 — 84
- 6.6.2　水溶液の電位 — 84

6.7　酸化還元滴定の概要 — 85
- 6.7.1　酸化還元滴定の基礎 — 85
- 6.7.2　標準溶液 — 86
- 6.7.3　酸化還元滴定における濃度変化 — 86
- 6.7.4　電位差滴定 — 88
- 6.7.5　指示薬を用いた酸化還元滴定 — 88

6.8　酸化還元滴定の具体例 — 90
- 6.8.1　ヨウ素酸カリウムによるチオ硫酸ナトリウムの滴定 — 90
- 6.8.2　溶存酸素の固定とチオ硫酸ナトリウムによる滴定 — 90
- 6.8.3　シュウ酸ナトリウムによる過マンガン酸カリウムの滴定 — 91
- 6.8.4　酸化還元滴定に関する注意 — 91

演習問題6 — 91

第7章　イオン交換法 — 93

7.1　イオン交換樹脂の化学構造と分類 — 93
- 7.1.1　陽イオン交換樹脂 — 94
- 7.1.2　陰イオン交換樹脂 — 94
- 7.1.3　キレート樹脂 — 95

7.2　イオン交換平衡 — 95
- 7.2.1　イオン交換平衡 — 95
- 7.2.2　交換容量 — 95
- 7.2.3　選択係数 — 96
- 7.2.4　質量分布係数 — 96
- 7.2.5　選択係数と質量分布係数の意味 — 96

7.3　陽イオン交換樹脂の特徴 — 97
- 7.3.1　静電相互作用 — 97
- 7.3.2　イオン半径とイオンの水和 — 98
- 7.3.3　陽イオン交換樹脂に対する親和性 — 99

7.4　陰イオン交換樹脂の特徴 — 99
- 7.4.1　陰イオン交換樹脂に対する親和性 — 100
- 7.4.2　金属クロロ錯体の捕捉 — 100

7.5　キレート樹脂の特徴 — 101
- 7.5.1　代表的なキレート樹脂 — 101
- 7.5.2　その他のキレート樹脂 — 102

7.6　水溶液中の共存物質の影響 — 102
- 7.6.1　共存塩(主に無機塩)の影響 — 102
- 7.6.2　酸・塩基の影響 — 103
- 7.6.3　配位子の影響 — 103

7.7　適用例 — 104
- 7.7.1　イオン交換樹脂による水の精製 — 104
- 7.7.2　イオンクロマトグラフィー — 105
- 7.7.3　希土類元素の分離 — 105
- 7.7.4　特定元素の分離・濃縮 — 106

演習問題7 — 107

付録　データ処理

付録A　有効数字，誤差と標準偏差 — 109
- A.1　有効数字と数値の表し方 — 109
- A.2　誤差と平均値 — 109
- A.3　標準偏差 — 109

付録B　有効数字と数値の取り扱い — 110
- B.1　加減算 — 110
- B.2　乗除算 — 110

付録C　Q検定 — 111
- C.1　Q検定 — 111

付録D　最小二乗法 — 112
- D.1　最小二乗法の基礎 — 112
- D.2　最小二乗法を使った具体例 — 112
- D.3　相関係数 — 113
- D.4　原点を通る最小二乗法 — 113

付表 — 115
演習問題解答 — 120
参考文献 — 124
さくいん — 125

第1章
分析化学の基礎

本書は，分析化学といっても個々の物質の分析法は記述していない．代わりに個々の分析法の基礎をなしている概念を理解することを目的としている．本章では，はじめに分析化学の基礎概念をなしている物理量と濃度を学び，次に第2章以降で記述される化学平衡について学ぶ．化学平衡は，分析化学にとってとくに重要な概念なので，よく理解してほしい．

KEY WORD

| 基本物理量 | モル | 濃度 | 化学平衡 | 平衡定数 |

1.1 モルと濃度

1.1.1 原子量とモル

原子量の基準は，炭素同位体の一つである**質量数**[*1] 12の炭素 ^{12}C である．12 g の ^{12}C は $6.022×10^{23}$ 個の原子を含む．$6.022×10^{23}$ の数値を**アボガドロ定数**[*2]という．原子の質量（原子量：atomic weight）はアボガドロ定数の原子の質量として定義される．

モル（mole）とは，アボガドロ定数を単位とした量である．すなわち，原子や分子の数が $6.022×10^{23}$ 個であれば，1モルである．

原子の質量は非常に小さい．たとえば，炭素の同位体 ^{12}C の原子一つの質量は $1.993×10^{-23}$ g である．実際に物質を取り扱うときは，グラムやメートルの単位で物質を取り扱うのが普通で，しかも便利である．そこで，化学では歴史的変遷を経て，モルという単位が定義された．モルとは，原子や分子の数がアボガドロ定数存在するときを単位としている．

1.1.2 化学式と分子量

物質はすべて原子から構成されている．物質が含んでいる原子の種類と原子数を比で表したものが**化学式**である．

有機化合物は，細かく分割すると最終的に分子という集団に行き着く．分子とは，物質特有の性質を示す原子の最小の集団である．

[*1] 質量数＝原子核中の陽子と中性子の数の和．
[*2] アボガドロ（A. Avogadro, 1776-1856）はイタリアの化学者・物理学者である．アボガドロの法則の提唱者であり，近代化学の発展に大きな役割を果たした．アボガドロ定数というのは，12本を1ダースと数えることと似ている．

分子量（molecular weight）は，アボガドロ定数個の分子の質量として定義される．

たとえば，メタノール CH_3OH を考えてみる（図1.1参照）．

メタノールの化学式は CH_3OH であるので，CH_3OH 1分子は炭素原子 C 1個，酸素原子 O 1個，水素原子 H 4個から構成される．このとき，メタノールの分子量は次式のように計算することができる．

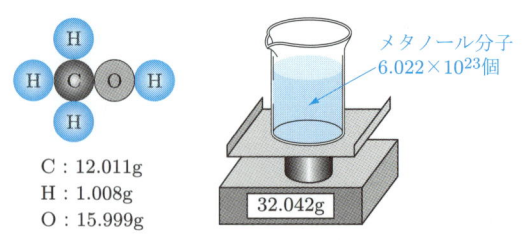

メタノールの分子量
$$= (Cの原子量)\times 1 + (Oの原子量)\times 1$$
$$+ (Hの原子量)\times 4$$
$$= 12.011\times 1 + 15.999\times 1 + 1.008\times 4$$
$$= 32.042 \qquad (1.1)$$

したがって，32.042 g のメタノールはアボガドロ定数個の分子を含み，物質量は 1.00 mol ということになる．

C : 12.011g
H : 1.008g
O : 15.999g

（a）メタノール分子　　（b）1.00モルのメタノール

●図1.1● メタノールの分子量の計算

例題 1.1
酢酸 CH_3COOH の分子量を求めよ．

解答 酢酸は化学式からわかるように，炭素2原子，酸素2原子，水素4原子からできている．したがって，酢酸の分子量は次のようになる．

$$CH_3COOH = (Cの原子量)\times 2 + (Oの原子量)\times 2 + (Hの原子量)\times 4$$
$$= 12.011\times 2 + 15.999\times 2 + 1.008\times 4$$
$$= 60.052$$

酢酸 1.00 mol は 60.052 g であり，酢酸 60.052 g には 6.022×10^{23} 個の酢酸分子が存在する．

1.1.3 組成式と式量

組成式と式量とは，電解質を表すときに使われる量である．

電解質の例として塩化ナトリウム NaCl をあげる．塩化ナトリウムは，水に溶かすとナトリウムイオン Na^+ と塩化物イオン Cl^- に分解するが，固体では図1.2（a）に示すような原子配列で結晶を形成する．

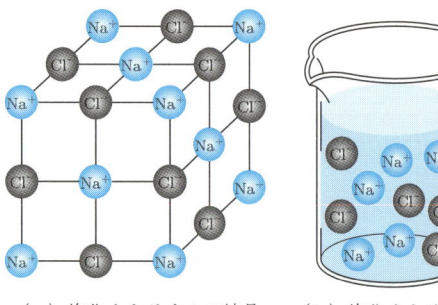

図に示したように，塩化ナトリウムはメタノールのような分子を構成せず，ナトリウムイオンと塩化物イオンが結晶中に同数が規則正しく配列した構造である．すなわち塩化ナトリウムの結晶は，NaCl という独立した『2原子分子』が集まってできたものではない[*3]．

したがって，メタノールのように分子量を定義することは不適切である．代わりに，結晶中にはナトリウムイオンと塩化物イオンが必ず同数含まれていることに注目して，分子式に代わって組成式を定め NaCl と書くことにする．

次に，分子量の代わりに式量（formula weight）

（a）塩化ナトリウムの結晶　（b）塩化ナトリウム水溶液

●図1.2● 塩化ナトリウムの結晶と水溶液

[*3] NaCl の結晶構造については無機化学の教科書に詳しい．

を定義する．NaCl では Na の原子量（22.990）＋Cl の原子量（35.453）の和 58.443 を式量とし，58.443 g の NaCl 結晶中にはアボガドロ定数個のナトリウムイオンと塩化物イオンが含まれていることを表す．

例題 1.2 硫酸ナトリウム Na_2SO_4 の式量を求めよ．

解答 化学式 Na_2SO_4 から，硫酸ナトリウム 1 mol はナトリウムイオン Na^+ 2 mol と硫酸イオン SO_4^{2-} 1 mol から形成され，さらに硫酸イオンは硫黄原子 1 mol と酸素原子 4 mol から作られているので，硫酸ナトリウムの式量は，次のように計算される．

$$Na_2SO_4 = (Na の原子量) \times 2 + (S の原子量) \times 1 + (O の原子量) \times 4$$
$$= 22.990 \times 2 + 32.064 \times 1 + 15.999 \times 4$$
$$= 142.040$$

1.1.4 濃度（容量モル濃度）

通常，<u>濃度</u>（concentration）とは，単位体積や単位質量あたりの物質量で定義される．分析化学では単位体積あたりの物質量で濃度を表すことが多い．これを<u>容量モル濃度</u>（molarity）という．具体的には，1.00 dm^3 [*4]（＝1.00 L）あたりの物質量（mol）で表す．したがって，濃度の単位としてしばしば $mol\ dm^{-3}$ が用いられる．

濃度は物質を角かっこ [ ] で囲んで表す．たとえば，メタノールの場合には $[CH_3OH]$ と書く．溶液中のナトリウムイオン濃度を表すには $[Na^+]$ と書く．

例題 1.3 メタノール CH_3OH を 8.010 g とり，純水で希釈して 200 cm^3 とした水溶液におけるメタノールの容量モル濃度を求めよ．

解答 メタノールのモル分子量は 32.042 であるので，8.010 g のメタノールの物質量は，

$$\frac{8.010\ g}{32.042\ g\ mol^{-1}} = 0.2500\ mol$$

すなわち 0.2500 mol である．これが 200 cm^3 ＝ 0.200 dm^3 の溶液となっているので，容量モル濃度は

$$\frac{0.2500\ mol}{0.200\ dm^3} = 1.25\ mol\ dm^{-3}$$

となる．なお，数字の扱いについては付録「データ処理」B を参照のこと．

1.1.5 分析濃度

1.1.4 項で述べた濃度と紛らわしい記述であるが，濃度を c で表している場合がある．たとえば，「酢酸 CH_3COOH の濃度 c_A が 0.100 $mol\ dm^{-3}$ の水溶液を調製する」といった記述をする[*5]．この場合の濃度 c は，酢酸という分子が 1.00 dm^3 あたり 0.100 mol 存在するわけではなく，酢酸を 0.100 mol とり，純水を加えて 1.00 dm^3 としたという意味である．酢酸は，水溶液中ではイオンに解離しているので，加えた CH_3COOH の一部は酢酸として存在するが，残りは水素イオン H^+ を放出した酢酸イオン CH_3COO^- として存在する．すなわち

$$c_A \neq [CH_3COOH] \tag{1.2}$$

である．記号 c で表された酢酸の濃度を，<u>分析濃度</u>やフォーマル濃度といい，角かっこで表される濃度と区別していることに注意する．

★4 立方デシメータと読む．1 dm は 10 cm である．したがって，1 dm^3 は 1 L となる．1 L = 1 dm^3．
★5 c は concentration（濃度）の頭文字である．添え字 A は 酸（acid）の頭文字である．

> **例題 1.4** 酢酸 CH_3COOH を 0.600 g とり,水で希釈して 500 cm^3 (=0.500 dm^3) とした水溶液の酢酸濃度を求めよ[*6].
>
> **解答** 酢酸 0.600 g の物質量は,
>
> $$\frac{0.600 \text{ g}}{60.052 \text{ g mol}^{-1}} = 0.00999 \text{ mol}$$
>
> すなわち 0.00999 mol (= 9.99×10^{-3}) である.これが 0.500 dm^3 の体積に含まれるので,分析濃度は,
>
> $$\frac{0.00999 \text{ mol}}{0.500 \text{ dm}^3} = 0.0200 \text{ g dm}^{-3}$$
>
> すなわち,0.200 mol dm^{-3} である.

1.1.6 その他の濃度の表し方

容量モル濃度,分析濃度のほかによく使われる濃度として,以下のような表し方もある.

(a) 質量モル濃度 (molality)

溶媒 1 kg 中に含まれる溶質のモル数で表す.凝固点降下などの記述に使われる.

(b) モル分率 (mole fraction)

試料全体の物質量中において,ある成分の物質量が占める割合を表した量である.たとえば,試料が 3 成分で構成されていたとする.それぞれの成分の物質量(モル数)を n_1, n_2, n_3 としたとき,成分 1 のモル分率 x_1 は次式で表される.

$$x_1 = \frac{n_1}{n_1 + n_2 + n_3} \tag{1.3}$$

n 成分からなる試料について,その中の i 成分に一般化すると,式(1.1)は

$$x_i = \frac{n_i}{\sum_{j=1}^{n} n_j} \tag{1.4}$$

と書ける.ここで j には 1 から n までの数字が入り,溶液を構成する j 番目の物質に対応する.

(c) ppm,ppb,ppt

ppm,ppb,ppt は,微量の成分濃度を表すのに便利であるため,主に環境・公害問題を扱うときに使われる.ppm は parts per million (百万分率),ppb は parts per billion (十億分率),ppt は parts per trillion (1 兆分率) の頭文字を並べたものである.

試料 1 g 中に 1.0 μg = 1.0×10^{-6} g 含まれていれば 1.0 ppm,1.0 ng = 1.0×10^{-9} g 含まれていれば 1.0 ppb,1.0 pg = 1.0×10^{-12} g 含まれていれば 1.0 ppt となる.環境水中の有害金属元素の濃度では ppb レベルが,ダイオキシンなどの有毒物質では ppt 以下のレベルの濃度が問題となる.

1.2 化学平衡

化学反応式を書く場合,左辺の物質が"すべて"反応して,右辺の物質に変化すると受け取られるかもしれないが,化学反応 (chemical reaction) の多くは,1.2.1 項で述べる『平衡』の状態にある.これを **化学平衡** (chemical equilibrium) という.すべて進行するように見える反応であっても,平衡が偏っているに過ぎない場合も多い.

1.2.1 平衡

例として,次の化学反応式[*7]を考えてみる.

$$N_2 + 3H_2 \longrightarrow 2NH_3 \tag{1.5}$$

[*6] 例題 1.4 において,0.6 g と書かず,0.600 g と書いたのは,下 3 桁目 (mg の単位) まで確定されていることを意味するためである.0.6 g と書くと,10 mg の単位の値が明確ではないことを意味する.

[*7] ⟶ で反応の進行方向を示す.

式(1.5)のように書くと，1分子の窒素 N_2 と3分子の水素 H_2 が反応し，2分子のアンモニア NH_3 ができると読める．

実際には，式(1.5)の反応は，温度，圧力，窒素，水素，アンモニアの濃度（成分濃度），時間によって変化する．すなわち，反応系*8 をある温度・圧力に保ち，時間ごとに窒素，水素，アンモニアの濃度変化の概念を図に示すと図1.3のようになる．

はじめは図1.3 (a) のように，窒素と水素の混合気体の状態であるが，反応が始まるまではアンモニア分子は存在しない．反応が進むにつれ，中間に示す状態図（b）となる．ここでは次第にアンモニア分子が生成する．さらに時間を経ると図(c)のようになり，反応が止まったように見える．しかし，この状態になっても，容器内ではアンモニア分子の生成と破壊の反応が起こり続けている．

図1.3の反応による濃度変化を概念的に示したのが図1.4である．はじめに反応容器の中にはアンモニアはないので，容器の気圧は窒素と水素の分圧の和となる．反応が始まると，式(1.5)の反応が進行する．すると，水素と窒素は次第に減少するが，アンモニアは増加するので，時間の経過とともに窒素ガスと水素ガスの分圧が減少し，アンモニアの分圧が増加する．

時間とともに反応は進むが，どれだけ時間をかけても，すべての窒素と水素が反応してアンモニアになることはなく，それらの成分はある濃度で一定になり，それ以上の時間では窒素，水素，アンモニアの分圧は変化しない．これを平衡という．平衡の状態にあるときには，反応容器内の成分濃度は一定であるが，これは反応が起こっていないわけではない．窒素と水素が反応してアンモニアができる速度（時間あたりの物質量の変化）とアンモニアが分解して窒素と水素ができる速度が等しくなっているのである．すなわち，正逆の反応が等しい速度で起きているために，見かけ上は反応が進行していないように見えるだけである．平衡にある場合，式(1.5)は，

$$N_2 + 3H_2 \rightleftharpoons 2NH_3 \tag{1.6}$$

のように書く．⟶を⇌に代えて，両方向の反応が起こっていることを表す．

1.2.2 平衡の移動

図1.5には，図1.4の平衡が達成されたのち，圧力を変化させたときの成分濃度の変化を示している．平衡に達したあとで圧力を減少させると，十分な時間ののちに新たな平衡に達する．変化の方向は，ルシャトリエの原理*9 に従う．アンモニ

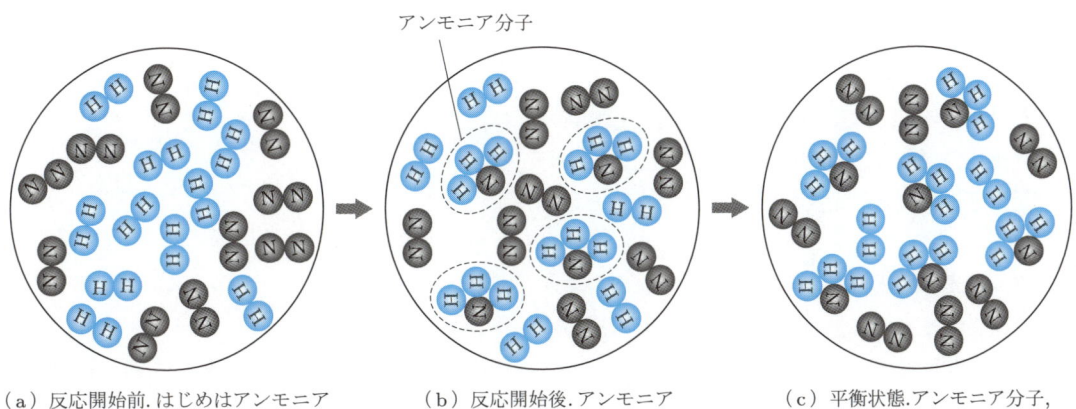

（a）反応開始前．はじめはアンモニア分子が存在しない．

（b）反応開始後．アンモニア分子が生成する．

（c）平衡状態．アンモニア分子，水素分子，窒素分子が一定の割合で存在する．

●図1.3● アンモニア生成平衡の模式図

---

*8 （反応）系：ある温度・圧力に保たれ，成分分子を含み，外界から分離され閉ざされた空間を「系」という．
*9 平衡状態にある系では，外から加えられた温度や圧力などのストレスを緩和する方向に平衡が移動するという原理．

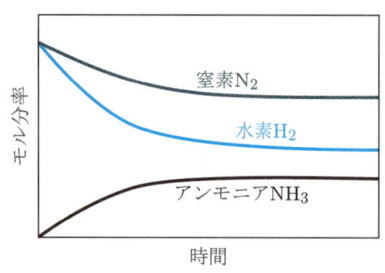

●図1.4● アンモニアが生成するときの分圧変化の模式図

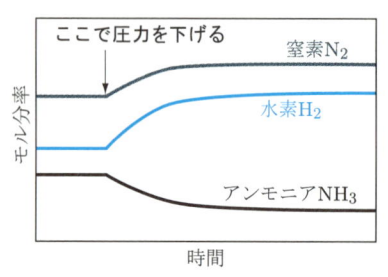

●図1.5● 平衡状態の移動

アと窒素，水素を含む平衡にある気体の圧力を下げると，新たな平衡に向かってそれぞれの気体の分圧が変化するが，図1.5の場合，圧力が減少するので，容器中の分子数を増加する方向に平衡が移動する．すなわち，アンモニア2分子が分解し，窒素1分子と水素3分子が生じ，容器の圧力が下がるのを防ぐ．十分な時間がたつと新たな平衡状態となり，それぞれの分圧は変化しなくなる．

新たな平衡に達したあと系を元の温度と圧力に戻すと，成分濃度も元の濃度に戻る．

アンモニアの生成反応のように，温度と圧力を少しだけ変えると，反応がある方向に進行して新たな平衡状態になり，再び温度と圧力を元に戻すと，元の平衡に戻ることを反応が可逆であるという．

一方，酸素と水素から水分子ができる反応のように，反応が一方向に進行するだけで，元に戻らないことを非可逆という．

1.2.3 平衡式と平衡定数

一般に，成分AとBがCとDに変化する反応が平衡にあるとき，平衡式は，次のように書く．

$$a\mathrm{A} + b\mathrm{B} \underset{\text{逆反応}}{\overset{\text{正反応}}{\rightleftarrows}} c\mathrm{C} + d\mathrm{D} \quad (1.7)$$

このとき，a, b, c, d は，式(1.7)にかかわる成分A，B，C，Dの量的関係を表す．平衡にあるときは，平衡式の右辺の成分の濃度の積と，左辺の成分の濃度の積の商が一定となる．これを**平衡定数**（equilibrium constant）といい，K で表す．式で示すと，次のようになる．

$$K = \frac{[\mathrm{C}]^c[\mathrm{D}]^d}{[\mathrm{A}]^a[\mathrm{B}]^b} \quad (1.8)$$

慣例として平衡式の左辺の成分を分母に，右辺を分子に書く．反応に関与する成分の分子数あるいはイオン数 a, b, c, d はべき乗に書く．温度，圧力が一定なら，平衡定数は一定である．温度や圧力が変化すれば，平衡定数は変化する．

1.2.4 いろいろな平衡

いくつかの平衡の例を以下に示す．

(a) 酢酸 CH_3COOH の解離平衡

酢酸は水に溶けると一部解離する．

平衡式：$CH_3COOH \rightleftarrows CH_3COO^- + H^+$
$$\quad (1.9)$$

平衡定数：$K_a = \dfrac{[CH_3COO^-][H^+]}{[CH_3COOH]} \quad (1.10)$

(b) アンモニアの平衡

塩基であるアンモニアは水分子と反応して平衡に達する．

平衡式：$NH_3 + H_2O \rightleftarrows NH_4^+ + OH^- \quad (1.11)$

平衡定数：$K_b = \left(\dfrac{[NH_4^+][OH^-]}{[NH_3][H_2O]} \right)$

$$= \dfrac{[NH_4^+][OH^-]}{[NH_3]} \quad (1.12)$$

式(1.7)に従えば，式(1.12)の分母には $[H_2O]$ が加わらなければならないが，実際の表記では分母の水の濃度が省略されることに注意しよう．これは，水が溶媒である[*10]ためで，溶質であるアンモニア，アンモニウムイオン NH_4^+，水酸化物イオン OH^- の濃度が十分小さいときには1と定

義される．

(c) 炭酸の逐次解離

二酸化炭素 CO_2 は水に溶け，炭酸となり解離する．炭酸には解離できる水素原子が二つあるので，解離も2段階になる[*11]．

平衡式：$H_2CO_3 \rightleftharpoons H^+ + HCO_3^-$ (1.13)

平衡定数：$K_{a1} = \dfrac{[H^+][HCO_3^-]}{[H_2CO_3]}$ (1.14)

平衡式：$HCO_3^- \rightleftharpoons H^+ + CO_3^{2-}$ (1.15)

平衡定数：$K_{a2} = \dfrac{[H^+][CO_3^{2-}]}{[HCO_3^-]}$ (1.16)

(d) ジアンミン銀（I）錯体の逐次生成

銀イオン Ag^+ はアンモニア分子と結合して錯イオンを生成する[*12]．

平衡式：$Ag^+ + NH_3 \rightleftharpoons [Ag(NH_3)]^+$ (1.17)

平衡定数：$K_{f1} = \dfrac{[Ag(NH_3)^+]}{[Ag^+][NH_3]}$ (1.18)

平衡式：$Ag^+ + 2NH_3 \rightleftharpoons [Ag(NH_3)_2]^+$ (1.19)

平衡定数：$\beta_2 = \dfrac{[Ag(NH_3)_2^+]}{[Ag^+][NH_3]^2}$ (1.20)

式(1.19)において，アンモニアは2分子が反応に関与しているため，式(1.20)の分母のアンモニア濃度が2乗になっていることに注意する．

(e) 水の解離平衡

水は自己解離平衡（2.2節参照）にある．平衡定数は特別に K_w と書く[*13]．

平衡式：$H_2O + H_2O \rightleftharpoons H_3O^+ + OH^-$ (1.21)

平衡定数：$K_w = [H^+][OH^-]$ (1.22)

式(1.22)でも(b)と同様に分母の水の濃度が省かれていることに注意する．

(f) 溶解平衡

水に難溶性物質を加えると一部分だけ溶解して平衡に達する．

平衡式：$AgCl(固体) \rightleftharpoons Ag^+ + Cl^-$ (1.23)

平衡定数：$K_{sp} = [Ag^+][Cl^-]$ (1.24)

式(1.24)では，分母の塩化銀 $AgCl$（固体）が省かれる．これは沈殿した固体の量の多少は，溶液中の銀イオンや塩化物イオン Cl^- の濃度に影響しないためと考えることができる[*14,15]．

Step up 平衡定数と活量

熱力学によると，平衡定数は活量といわれる量で記述しなければならないことが示されている．化学種 x の活量 a_x と濃度は次の式で結ばれる．

$$a_x = \gamma[x] \quad (1.27)$$

ここで，γ は活量係数とよばれ濃度の逆数の次元をもつ．したがって，活量は無次元量となり，平衡定数は無次元量である．

活量 a_x は，希薄な水溶液での溶媒や沈殿した固体では1とされている．このため，平衡定数式中の希薄溶液における溶媒と沈殿平衡における固体の濃度項は除かれる．

また，希薄な水溶液中の溶質の活量は濃度に等しい（すなわち，活量係数は1）と考えられている．したがって，希薄溶液を扱っている場合は，平衡定数を濃度の値で表現してよい．すなわち，暗黙のうちに濃度を活量に変換している．濃度が高くなると，活量と濃度が一致しなくなり，見かけ上平衡定数は一定でなくなる．電解質溶液では，濃度が 1.0×10^{-2} mol dm^{-3} 程度以上になると活量と一致しなくなるとされている．したがって，この濃度よりも大きな濃度を扱う場合は注意が必要である．

[*10] 溶媒である水の扱いについては，本ページの Step up を参照のこと．
[*11] K_{a1}, K_{a2} において，下付きの a1 で1段目の解離を，a2 で2段目の解離を表す．
[*12] 下付きの f は formation の略で，錯体の生成を表す．数字で錯体中のアンモニア分子数を示す．
[*13] 下付きの w は，water の頭文字である．
[*14] 沈殿している塩化銀 $AgCl$ の扱いは，本ページの Step up を参照のこと．
[*15] 下付きの sp は，solubility product の頭文字である．

(g) 酸化還元反応

酸化還元反応も結局は平衡である．ここではイオンの電荷のみが変化しており，

平衡式：$Fe^{2+} + Ce^{4+} \rightleftharpoons Fe^{3+} + Ce^{3+}$　　(1.25)

平衡定数：$K = \dfrac{[Fe^{3+}][Ce^{3+}]}{[Fe^{2+}][Ce^{4+}]}$　　(1.26)

などと書かれる．

演・習・問・題・1

1.1 次の物質の式量を求めよ．
(1) 硫酸銅5水和物 $CuSO_4 \cdot 5H_2O$
(2) 過マンガン酸カリウム $KMnO_4$
(3) クロム酸銀 Ag_2CrO_4
(4) 水酸化バリウム $Ba(OH)_2$

1.2 次の問に答えよ．
(1) 2.50×10^{-2} mol dm^{-3} 塩化カリウム水溶液 100 cm^3 に含まれる塩化カリウム KCl の質量を求めよ．
(2) 3.0×10^{-3} mol dm^{-3} 硫酸ナトリウム水溶液 300 cm^3 に含まれる硫酸ナトリウム Na_2SO_4 の質量を求めよ．
(3) 2.0×10^{-3} mol dm^{-3} 水酸化ナトリウム水溶液 50 cm^3 に含まれる水酸化ナトリウム NaOH の質量を求めよ．

1.3 次の物質の物質量を求めよ．
(1) 硫酸銅5水和物 $CuSO_4 \cdot 5H_2O$ 2.50 g
(2) 塩化銀 AgCl 7.80 g
(3) 水酸化カリウム KOH 3.40 g

1.4 次の水溶液の濃度を求めよ．
(1) 塩化ナトリウム NaCl 5.00 g を純水 1.00 dm^3 に溶解した水溶液
(2) 硝酸カリウム KNO_3 3.60 g を純水 0.30 dm^3 に溶解した水溶液
(3) 1.0 dm^3 中に 150 g の硝酸銀 $AgNO_3$ を含む水溶液
(4) 0.50 dm^3 中に 125 g の水酸化ナトリウム NaOH を含む水溶液
(5) 硫酸銅5水和物 2.497 g を純水に溶かし，250 cm^3 に希釈した水溶液
(6) エタノール CH_3CH_2OH（95質量%[*17]）10.00 cm^3 をとり，水で希釈して 100.0 cm^3 とした水溶液におけるエタノールの容量モル濃度を求めよ．また，エタノールのモル分率を求めよ．ただし，エタノール（95質量%）の密度は 0.76 gcm^{-3} で，水溶液の密度は 0.966 gcm^{-3} とする．
(7) 濃度が20質量%の塩酸 HCl（密度 1.10 g cm^{-3}）がある．塩酸のモル濃度を求めよ．

1.5 次の水溶液中に存在する各イオンの濃度を求めよ．
(1) 5.00×10^{-3} mol dm^{-3} 塩化マグネシウム $MgCl_2$ 溶液 25.00 cm^3 と 7.5×10^{-3} mol dm^{-3} KCl 溶液 25.00 cm^3 を混合した水溶液
(2) 塩化マグネシウムカリウム $KMgCl_3 \cdot 6H_2O$ 2.5 g を純水に溶かして 200 cm^3 とした水溶液
(3) 硝酸マグネシウム $Mg(NO_3)_2$ 0.30 mol，塩化水素 HCl 0.10 mol，塩化マグネシウム $MgCl_2$ 0.20 mol を水で希釈して 0.50 dm^3 とした水溶液

1.6 次の問に答えよ
(1) 5.00×10^{-2} mol dm^{-3} の過マンガン酸カリウム水溶液を 250 cm^3 つくるのに必要な過マンガン酸カリウム $KMnO_4$ の質量を求めよ．
(2) 0.150 mol dm^{-3} の水溶液 600 cm^3 を水で希釈して，0.100 mol dm^{-3} の水溶液が何 cm^3 調製できるか．
(3) 0.200 mol dm^{-3} の塩化水素 HCl の水溶液 100 cm^3 と，0.150 mol dm^{-3} の塩化水素の水溶液 400 cm^3 を混合した溶液の濃度を求めよ．
(4) ある濃度の水溶液 125 cm^3 を希釈して 500 cm^3 にしたところ，濃度は 0.250 mol dm^{-3} となった．元の水溶液の濃度を求めよ．

1.7 次の操作中に起こる化学反応，または化学平衡式を示せ．
(1) 硝酸 HNO_3 を純水に溶解した．
(2) 酢酸ナトリウム CH_3COONa を純水に溶解した．
(3) リン酸二水素カリウム KH_2PO_4 を純水に溶

[*16] w/w%と書くこともある．質量で表した水溶液中での溶質の割合を示す．

解した．
(4) はじめに硝酸銀 $AgNO_3$ を純水に溶解させ，ついで，その水溶液に臭化カリウム KBr を含む水溶液を滴下した．

(5) $1.0\,\mathrm{mol\,dm^{-3}}$ の水酸化ナトリウム水溶液 $10\,\mathrm{cm^3}$ に，$0.50\,\mathrm{mol\,dm^{-3}}$ の塩化水素水溶液（塩酸）を $5.0\,\mathrm{cm^3}$ 加えた．

第2章

酸塩基平衡と中和滴定

本章では，分析化学を学ぶうえで最も基礎となる酸，塩基について学ぶ．酸塩基の概念は，分析化学だけでなく，ほかの化学分野でも重要である．本書においても，本章で学ぶ酸塩基の概念と，そこから導き出される数式は，後の中和滴定，沈殿平衡や錯形成平衡において重要な役割をはたしている．

本章によって，定量分析法の基礎概念を理解でき，分析法の注意点も学ぶことができる．

KEY WORD

ブレンステッド酸	共役酸塩基対	解離平衡	解離定数	水のイオン積
水素イオン濃度	電荷均衡	質量均衡	緩衝溶液	多塩基酸
中和滴定	滴定曲線			

2.1 酸塩基の定義

2.1.1 電解質

電解質（electrolyte）とは，水に溶かしたとき，正負の電荷をもったイオンに解離する物質である．電解質を水に溶かしたときの概念図を強酸と弱酸を例として図2.1に示す．電解質には，水に溶かしたとき，ほとんどすべてがイオンに解離する強

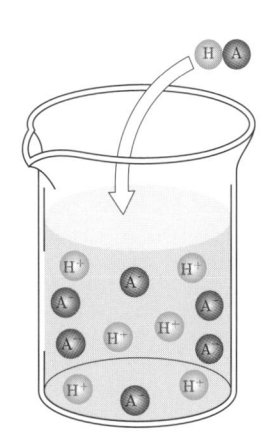

（a）強酸
（A：Cl^-, Br^-, I^-など）

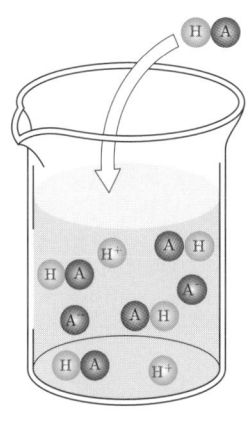

（b）弱酸
（A：CH_3COO^-など）

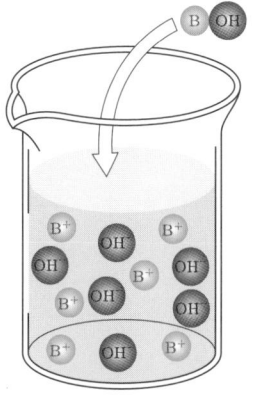

（c）強塩基
（B：Na^+, K^+など）

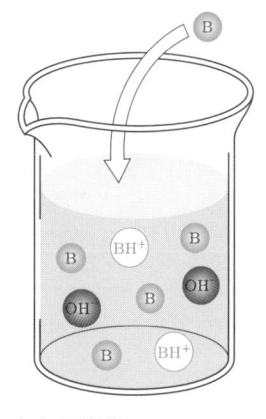

（d）弱塩基
（B：NH_3, C_5H_5Nなど）

●図2.1● 強電解質（(a) 強酸 (c) 強塩基）と弱電解質（(b) 弱酸 (d) 弱塩基）の概念図

電解質（同図(a)，(c)）とわずかしか解離しない弱電解質（同図(b)，(d)）がある．

強電解質では加えた電解質のほとんどすべてが解離する．弱電解質では一部が解離するだけである．

表2.1に電解質の分類を示す．**強酸，強塩基**は強電解質であり，属する化合物はわずかである．**弱酸，弱塩基**は弱電解質であり，有機酸やアミン類はこれに属する．塩（salt）は金属の陽イオンと陰イオンで構成される電解質で，ほとんどが強電解質である．

■表2.1■ 電解質の分類

分類	化合物の例
強電解質	塩化ナトリウム NaCl，塩化カリウム KCl，塩化カルシウム $CaCl_2$ などのアルカリ金属やアルカリ土類金属の塩
強酸（強電解質）	塩酸 HCl，臭化水素 HBr，ヨウ化水素 HI，硝酸 HNO_3，硫酸 H_2SO_4（一段目の解離），過塩素酸 $HClO_4$ など，ごく限られた酸
弱酸（弱電解質）	酢酸 CH_3COOH などの有機酸と炭酸 H_2CO_3，フッ化水素 HF などの無機酸
強塩基（強電解質）	水酸化ナトリウム NaOH，水酸化カリウム KOH，水酸化カルシウム $Ca(OH)_2$ などの水酸化物
弱塩基（弱電解質）	アンモニア NH_3，アニリン $C_6H_5NH_2$ などのアミン類

2.1.2 酸と塩基

酸（acid）と塩基（base）も電解質に含まれる．アレニウス（S. A. Arrhenius）[*1]は，酸とは水に溶けて水素イオン H^+ を放出するものであり，塩基とは水酸化物イオン OH^- を放出するものと定義した．たとえば，塩化水素 HCl は，水に溶けて式(2.1)の反応で水に対して水素イオンを放出するので酸である．また，水酸化ナトリウム NaOH は，式(2.2)の反応で水溶液中で水酸化物イオンを放出するので塩基である．

$$HCl \longrightarrow H^+ + Cl^- \quad (2.1)$$
$$NaOH \longrightarrow Na^+ + OH^- \quad (2.2)$$

アレニウスの定義では，塩基として水酸化ナトリウムなどは水に溶けて水酸化物イオンを生成するので問題ないが，同じく水に溶けて水酸化物イオンを生成するアンモニア NH_3 は塩基とはよべないことになる．このような不都合をなくすために，**ブレンステッド**（J. N. Brønsted）とローリー（T. M. Lowry）[*2]は，酸とは『水素イオン（プロトン）を放出する化学種[*3]』，塩基とは『水素イオンを受けとる化学種』として定義した[*4]．ここでは，アンモニア NH_3 を例として，概念図を図2.2に，反応式を式(2.3)に示す．

$$NH_3 + H_2O \rightleftharpoons NH_4^+ + OH^- \quad (2.3)$$

式(2.4)に酸塩基反応の例として酢酸をあげる．

$$CH_3COOH + H_2O \rightleftharpoons H_3O^+ + CH_3COO^- \quad (2.4)$$

$$CH_3COOH + OH^- \rightleftharpoons H_2O + CH_3COO^- \quad (2.5)$$

式(2.5)には酢酸と水酸化物イオンの反応をあげる．

式(2.5)において，酢酸 CH_3COOH は水素イオンを放出するので酸である．一方，水酸化物イオンは放出された水素イオンを受けとるので塩基である．式(2.5)の反応を右から左への反応でみる

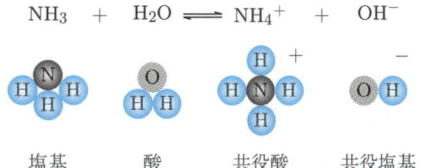

NH_3 + H_2O $\rightleftharpoons$ NH_4^+ + OH^-

塩基　　酸　　共役酸　共役塩基

●図2.2● ブレンステッド酸の概念図

[*1] スウェーデンの科学者（1859-1927）．電解質の解離についての理論によりノーベル賞を受賞した．また化学反応速度の温度依存性の解析も後の化学に大きな影響を与えた．
[*2] デンマークの化学者ブレンステッド（1879-1947）とイギリスの化学者ローリー（1874-1936）は，二人ほぼ同時に，当時としては新しい酸-塩基の定義を提出した．
[*3] 化学物質は，分子やイオンなどさまざまな形態で存在するが，何らかの方法でほかから区別できる化学物質を「化学種」という．
[*4] 酸と塩基の定義は，アレニウスとブレンステッド・ローリーのほか，第4章で述べるルイスの定義もある．本章では，ブレンステッド・ローリーの定義で十分である．

と，水は水素イオンを放出するので酸であり，酢酸イオン CH_3COO^- は水素イオンを受けとるので塩基である．このような関係を共役酸塩基対という．すなわち式(2.5)において，

$$CH_3COOH + OH^- \rightleftharpoons H_2O + CH_3COO^-$$
（酸）　　（塩基）　　　（共役酸）（共役塩基）
(2.5)′

となる．CH_3COOH を酸とすると，CH_3COO^- は酸 CH_3COOH の共役塩基である．式(2.4)では，水分子は塩基としてはたらいているが，式(2.3)

では酸としてはたらいていることに注意する．図2.2では，アンモニアは塩基，水分子は酸であり，アンモニウムイオンは共役酸，水酸化物イオンは共役塩基である．

式(2.5)のように，放出することのできる水素を1原子もっている酸を1塩基酸とよぶ．硫酸 H_2SO_4 は，2原子の水素を放出できるので2塩基酸である．放出できる水素を二つ以上もつ酸を多塩基酸とよぶ．同様に，2個以上の水素イオンを受けとることのできる塩基を多酸塩基という．

Coffee Break

酸は危険，塩基は安全？

傷口に酸が付着すると激しく痛むので，酸は危険であるということはすぐにわかる．一方，塩基は肌についても多少ぬるぬるするだけで，危険とは思わないかもしれない．しかし，塩基が付着してから時間がたつと，皮膚が侵され白く変色する．変色した皮膚組織は深くまで障害を受けている場合が多く，傷が癒されるまで長い時間がかかることがたびたびである．塩基は肌に刺激が少ない分，危険である．

2.2 水の解離平衡と酸–塩基の尺度 pH

2.2.1 水のイオン積

水は酸としても塩基としてもはたらく．すなわち，

$$H_2O + H_2O \rightleftharpoons H_3O^+ + OH^-$$
（酸（または塩基））（塩基（または酸））（共役酸）（共役塩基）
(2.6)

のように反応する．2分子の水のうち1分子は酸としてはたらき，もう1分子は塩基としてはたらいている．この反応を水の自己解離という．式(2.6)の反応は，普通簡略化して

$$H_2O \rightleftharpoons H^+ + OH^-$$
(2.6)′

のように書かれる．このとき，式(2.6)の平衡定数は，特別に K_w と書かれ，

$$K_w = [H_3O^+][OH^-] = [H^+][OH^-]$$
$$= 1.0 \times 10^{-14} \text{ (25℃において)} \quad (2.7)$$

である．K_w を水のイオン積という．この式は，水溶液である限り，常に成立している．K_w は25℃では 1.0×10^{-14} であるが，温度が上昇すると大きくなる[*5]．

式(2.7)より，純粋な水では $[H^+] = [OH^-]$ であるから，

$$[H^+] = [OH^-] = 1.0 \times 10^{-7} \quad (2.8)$$

である．この状態を中性とよぶ．『水溶液が酸性である』とは，$[H^+] > 1.0 \times 10^{-7}$ であり，$[H^+] > [OH^-]$ の状態である．このとき，$[OH^-]$ は式(2.7)から 1.0×10^{-7} 以下となる．また『塩基性である』とは，$[OH^-] > [H^+]$，すなわち $[OH^-] > 1.0 \times 10^{-7}$ の状態である．

2.2.2 pH

分析化学で扱う濃度範囲は広く，数十 $mol\ dm^{-3}$ から $10^{-20}\ mol\ dm^{-3}$ 以下までである．このような数値を扱うには対数を使うのが便利である．扱う値を X とすると，

[*5] 分母の $[H_2O]$ は，水が溶媒でもあるので，式には現れない．

$$pX = -\log_{10} X \qquad (2.9)$$

でpを定義する[*6]．Xが水素イオン濃度 $[H^+]$ であれば，

$$pH = -\log_{10}([H^+]/\text{mol dm}^{-3}) \qquad (2.10)$$

によって，**pH**を定義する[*7]．式(2.7)より，次式が成立する．

$$pH + pOH = 14.00 \qquad (2.11)$$

式(2.8)より，中性ではpHは7.00である．酸性水溶液のpHは7より小さく，塩基性水溶液では7より大きい．

pH，pOHと $[H^+]$，$[OH^-]$ の関係を図2.3に視覚的に示す．

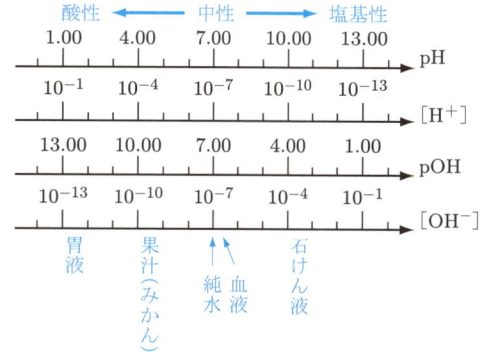

●図2.3● pH，pOHと $[H^+]$，$[OH^-]$ の関係

Step up　pHの正確さ

pHは，厳密には正しい値が得られているとはいえない．国際的な取り決めによって，pHはいくつかの標準溶液に対して値が定義されているのみで，実際の値と測定されたpHの値は，pH単位で最大 ±0.02 の誤差を含んでいると考えられている．この誤差は，濃度にして4.7%の誤差になる．このため，これ以後のpHが関係する計算においては，5%以内の誤差を生み出す項は無視することにする．

例題 2.1　水素イオン濃度 $[H^+]$ が 5.0×10^{-3} mol dm^{-3} のときのpHを求めよ．

解答　式(2.10)を用いて計算する．$[H^+] = 5.0 \times 10^{-3}$ mol dm^{-3} であるから，

$$pH = -\log(5.0 \times 10^{-3}) = 2.30$$

である．

例題 2.2　pH=8.50のときの水素イオン濃度 $[H^+]$ を求めよ．

解答　例題1と同じく，式(2.10)を用いる．pHが8.50であるので，

$$[H^+] = 10^{-8.50} = 3.16 \times 10^{-9} \text{ mol dm}^{-3}$$

となる．

例題 2.3　水酸化物イオン濃度 $[OH^-]$ が 3.0×10^{-4} mol dm^{-3} のときの，pOH，水素イオン濃度 $[H^+]$，pHを求めよ．

解答　式(2.9)において，$X = [OH^-]$ とおくと，

$$pOH = -\log[OH^-]$$

[*6] 式(2.9)は，酸解離定数を pK_a と表す際にも使われる．$pK_a = -\log K_a$ である．
[*7] 対数の式の括弧内に単位 mol dm^{-3} が入っている理由は，対数では無次元数を扱うためである．

であるから，式(2.9)より，

$$-\log(3.0\times 10^{-4}) = 3.52$$

である．
　水素イオン濃度は，式(2.7)を変形して，

$$[\mathrm{H^+}] = \frac{K_\mathrm{w}}{[\mathrm{OH^-}]}$$

であるので，常温（25℃）における K_w の値と水酸化物イオン濃度を代入すると，

$$[\mathrm{H^+}] = \frac{1.0\times 10^{-14}}{3.0\times 10^{-4}} = 3.33\times 10^{-11}$$

となる．
　また，pH は式(2.11)を用いて，次のように計算される．

$$\mathrm{pH} = 14.00 - \mathrm{pOH} = 10.48$$

2.3 強酸と強塩基の水溶液の水素イオン濃度

　塩化水素 HCl は，水に溶けると塩素 Cl と水素 H の間の結合が切れ，塩化物イオン $\mathrm{Cl^-}$ と水素イオン $\mathrm{H^+}$ に解離する．これは塩素原子と水素原子の電気陰性度[*8]の差により，塩化水素における塩素と水素間の結合がイオン性になる傾向があるためである．塩化水素が水に溶解すると，水の大きな比誘電率によって，塩素と水素間のイオン性の結合は解離しやすくなる．
　強塩基では，酸素原子と金属原子間の結合がイオン性であるため，水に溶けると水酸化物イオン $\mathrm{OH^-}$ と金属イオン $\mathrm{M^+}$ に解離する．
　以上の理由により，強酸と強塩基は水溶液中ですべて解離する．
　酸を HA と書くと，強酸は水溶液中で

$$\mathrm{HA} \longrightarrow \mathrm{H^+} + \mathrm{A^-} \qquad (2.12)$$

の反応ですべて解離する．すなわち，$c\,\mathrm{mol}$[*9] の HA を $1.0\,\mathrm{dm^3}$ の水に加えると，HA は残らず解離するので，$[\mathrm{HA}]=0$，$[\mathrm{H^+}]=[\mathrm{A^-}]=c\,\mathrm{mol\,dm^{-3}}$ となる．
　したがって，水に加えた酸の濃度が十分に大きく[*10]，水の解離によって生じる水素イオンの濃度を無視できれば，強酸の水溶液の水素イオン濃度は $c\,\mathrm{mol}$ であるとしてよい．

例題 2.4

0.00500 mol の塩酸 HCl を水に加えて 0.500 dm³ としたときの塩酸の水素イオン濃度 $[\mathrm{H^+}]$ と pH を求めよ．

解答
塩酸は水に溶けてすべて解離するので，水溶液中の水素イオン濃度は，

$$[\mathrm{H^+}] = \frac{0.00500}{0.500} = 0.0100\,\mathrm{mol\,dm^{-3}}$$

である．式(2.10)より，pH は次のようになる．

$$\mathrm{pH} = 2.00$$

[*8] 原子が電子を引きつける力．この力が大きいほど電子を引きつける．
[*9] 記号 c で分析濃度を表す．1.1.5 項参照．
[*10] あまりに濃度が大きくなると，活量が 1 よりも小さくなるので，別の問題が生じる．

次に，希薄な水溶液について考える．例として，例題 2.4 にあげた水溶液を水で 1000 倍に希釈してみる．1 回目の希釈で 1.0×10^{-5} mol dm^{-3} となり，2 回目の希釈によって 1.0×10^{-8} mol dm^{-3} となる．そのときの pH はいくらだろうか．例題 4 の解き方で解くと，塩酸の濃度は 1.0×10^{-8} mol dm^{-3} であるから pH は 8.00 となるが，これは現実に合わない．酸を加えたのに塩基性になってしまう．

原因は，式(2.6)′の水の自己解離を無視したためである．2.2.1 項で述べたように，水は自己解離をして，一部が水素イオンと水酸化物イオンになる．中性のとき，$[H^+]=1.0\times10^{-7}$ mol dm^{-3} である．この濃度は，加えた酸の濃度より大きい．つまり，酸の希薄溶液では，濃度によって水の自己解離によって生じる水素イオン濃度を無視できなくなるのである．

2.3.1 強酸の希薄な水溶液中での水素イオン濃度

ここまで述べたように，希薄な酸溶液では，酸の濃度のほかに水の自己解離を考慮しなければならない．すなわち，酸 HA はすべて解離をする．一方，水は自己解離によって一部解離をしている．

その結果，水溶液中に存在する化学種は，水分子以外には酸と水の解離によって生じた水素イオン，水の解離によって生じた水酸化物イオン，さらに酸の解離によって生じた共役塩基 A$^-$ が存在することになる．これらの化学種の間の関係を考えてみる．

$[H^+]$ と $[OH^-]$ の間には，次式の関係が成立している．

$$K_w = [H^+][OH^-] = 1.0\times10^{-14} \quad (2.7)$$

加えた酸の濃度を c_{HA} とすると，酸から生じた A$^-$ の濃度は

$$[A^-] = c_{HA} \quad (2.13)$$

である．一方，$[H^+]$ については

$$[H^+] \neq c_{HA} \quad (2.14)$$

である．なぜなら，水素イオンは酸と水自身の両方から供給されるからである．

また，電解質水溶液は電気的中性であることを考慮すると，それぞれ陽イオンを M（電荷 $\mu+$），陰イオンを N（電荷 $\nu-$）としたとき，

$$\Sigma_i \mu_i [M_i^{\mu+}] = \Sigma_j \nu_j [N_j^{\nu-}] \quad (2.15)$$

である．ここで，i と j は，それぞれ陽イオンと陰イオンを示す．この式を **電荷均衡**（charge balance）の式という．酸では

$$[H^+] = [A^-] + [OH^-] \quad (2.16)$$

である．すなわち，陽電荷の総量と負電荷の総量は等しくなければならない．塩化水素水溶液では，陽イオンとして水素イオン，陰イオンとしては塩化物イオンと水酸化物イオンが存在するので，式(2.16)は

$$[H^+] = [Cl^-] + [OH^-] \quad (2.16)'$$

となる．これに，水溶液であるために常に成立している水の解離平衡を表す式(2.6)′ が加わると，未知数は 3 種類のイオン濃度 $[H^+]$，$[A^-]$，$[OH^-]$ となる．これに対して，式(2.7)，(2.13)，(2.16) の 3 式が成立しているので，三つの濃度は代数的に解くことができる．なお，加えた酸の濃度 c_{HA} と，水の自己解離定数 K_w は既知であるとする．

$[A^-]$ は式(2.13)で与えられるので，式(2.13)を式(2.16)に代入し，次式を得る．

$$[H^+] = c_{HA} + [OH^-] \quad (2.17)$$

さらに，式(2.7)より，

$$[OH^-] = \frac{K_w}{[H^+]} \quad (2.18)$$

であるから，式(2.18)を式(2.17)に代入し，整理すると，

$$[H^+]^2 - c_{HA}[H^+] - K_w = 0 \quad (2.19)$$

となり，未知数 $[H^+]$ について 2 次方程式が得られるので，根（解）の公式によって解くことができる．すなわち，

$$[\mathrm{H}^+] = \frac{c_{\mathrm{HA}} \pm \sqrt{c_{\mathrm{HA}}^2 + 4K_{\mathrm{w}}}}{2} \tag{2.20}$$

となる．分子の平方根前の負記号を使うと，得られる水素イオン濃度が負になるため，化学的には意味がない．よって，正の場合のみ考えればよい（式(2.21)）．

$$[\mathrm{H}^+] = \frac{c_{\mathrm{HA}} + \sqrt{c_{\mathrm{HA}}^2 + 4K_{\mathrm{w}}}}{2} \tag{2.21}$$

平方根内部の第1項は酸の効果であり，第2項は水の自己解離の効果を表しているということができる．$c_{\mathrm{HA}}^2 \gg K_{\mathrm{w}}$ のときは，第2項は第1項に比べて小さいので無視できる．よって，

$$[\mathrm{H}^+] = c_{\mathrm{HA}} \tag{2.22}$$

となる．すなわち，例題2.4の解き方でよいことになる．しかし，酸濃度が小さくなり，水の解離が無視できなくなると，中性に近づき，c_{HA}^2 と K_{w} の値が近くなるため，式(2.21)により水素イオン濃度を求めなければならなくなる．

このあと，いろいろな条件で水溶液中の水素イオン濃度を計算するときに，電荷均衡が必ず必要となるので，ここでしっかり理解しておこう．

Step up 電荷均衡

塩の場合の電荷均衡について，図(2.4)を参考にして考えてみる．水に溶解する前，硫酸水素ナトリウム $NaHSO_4$ は全体として無電荷である．これが水に溶けると，陽イオンとしてナトリウムイオン Na^+ が生じる．陰イオンとしては硫酸水素イオン HSO_4^- が生じる．硫酸水素イオンの一部は，さらに解離して硫酸イオン SO_4^{2-} と水素イオン H^+ を生じる．また水溶液液中には水分子が解離して生じた水素イオンと水酸化物イオンも存在している．

これらのイオン，H^+，Na^+，SO_4^{2-}，HSO_4^-，OH^- は，もともと無電荷の物質硫酸水素ナトリウムと水から発生したものであるから，水溶液全体では，陽イオンと陰イオンの電荷の総量は打ち消しあってゼロとならなければならない．すなわち，

$$[\mathrm{H}^+] + [\mathrm{Na}^+] = [\mathrm{OH}^-] + [\mathrm{HSO_4}^-] + [\mathrm{SO_4}^{2-}] \times 2$$

となる．ここで硫酸イオンの濃度が2倍にされているのは，硫酸イオンが2価の陰イオンであり，1イオンあたり電荷（したがって電子）を2個有しているためである．これを電荷均衡という．電荷均衡は，酸，塩基，塩のすべての水溶液で成立している．

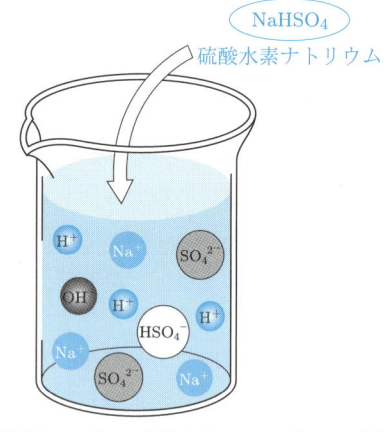

●図2.4● 硫酸水素ナトリウムの溶解

Coffee Break

マイナスイオンは科学的？

ちまたでは"マイナス"イオンがまことしやかに喧伝されている．マイナスイオン発生装置を備えた電化製品も発売され，それなりの販売実績をあげているらしい．しかし，マイナスイオンとはなんだろうか．化学では，負に帯電したイオンを"マイナス"イオンとはいわず，陰イオンという（英語でも minus ion ではなく anion という）．

化学平衡を扱う立場からいえば，常に電荷均衡が成立するので，滝しぶきなどの水滴中で陰イオンが過剰に存在することは通常ありえず，まして単独で存在することはありえない．なぜなら，陰イオンが存在すれば，その電荷を中和するために対イオンである陽イオンの電荷が必ず存在するからである．

例題 2.5 塩酸溶液 1.0×10^{-8} mol dm^{-3} の水素イオン濃度 $[\mathrm{H}^+]$ を求めよ．

解答 希薄な水溶液で $c_{\mathrm{HA}}^2 < K_{\mathrm{w}}$ であるので，式(2.21)に値を代入して計算する．

$$[\mathrm{H}^+] = \frac{1.0 \times 10^{-8} + \sqrt{(1.0 \times 10^{-8})^2 + 4 \times 1.0 \times 10^{-14}}}{2} = 1.05 \times 10^{-7} \text{ mol dm}^{-3}$$

例題2.5から，酸溶液はいくら希釈しても塩基性にはならないことがわかる．

酸濃度と水溶液のpHの関係を考える．横軸に酸の濃度の対数，縦軸にpHをとり，式(2.21)，(2.22)によって計算し図に描くと，図2.5のようになる．酸濃度が10^{-5} mol dm^{-3}程度までは直線的にpHが上昇するが，それ以上希薄になると曲がり始め，10^{-9} mol dm^{-3}以上では事実上pH 7.0となることがわかる．これは，酸濃度が10^{-5} mol dm^{-3}程度までは式(2.22)の計算が成り立つが，それ以上希薄になると，式(2.21)を使って計算する必要があることを示している．

強酸の水溶液の扱い方を整理すると，手順は次のようになる．

① 水溶液中に存在する化学種を列記する．
② それらの化学種間で成り立っている平衡反応を記述し，平衡定数の式を書き出す．
③ 電荷均衡式を書く．
④ 質量均衡式を書く．

質量均衡式は，加えられた酸の物質量が保存されていることを示す式で，本節では式(2.13)に相当する．①から④の手順で未知数を解くのに必要な連立方程式を書き出すことによって，各化学種の濃度が計算できる．

2.3.2 強塩基の希薄な水溶液中での水素イオン濃度

強塩基の水溶液は，強酸と同じように取り扱うことができる．

強塩基BOHは次のように解離する．

$$\text{BOH} \longrightarrow \text{B}^+ + \text{OH}^- \tag{2.23}$$

したがって，濃度c_Bの強塩基の水溶液では，

$$[\text{B}^+] = c_B \tag{2.24}$$

である．電荷均衡の式は

$$[\text{B}^+] + [\text{H}^+] = [\text{OH}^-] \tag{2.25}$$

であり，式(2.7)は常に成立しているので，この場合も，三つの未知数に対して三つの式(2.7)，(2.24)，(2.25)がたてられる．式(2.7)，(2.24)，(2.25)を[OH$^-$]について解くと，

$$[\text{OH}^-] = \frac{c_B + \sqrt{c_B^2 + 4K_W}}{2} \tag{2.26}$$

となる．水素イオン濃度が必要ならば，式(2.7)を使って変換すればよい．

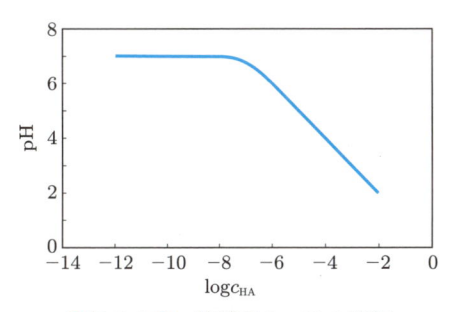

● 図2.5 ● 酸濃度とpHの関係

2.4 弱酸の水溶液，弱塩基の水溶液

2.4.1 酸解離定数と塩基解離定数

図2.1 (b)，(d) に示したように，弱酸，弱塩基は水溶液中でわずかに解離し，平衡状態にある．弱酸をHAと書くと，

$$\text{HA} \xrightleftharpoons{K_a} \text{H}^+ + \text{A}^- \tag{2.27}$$

となる．平衡定数K_aは，とくに酸解離定数 (acid dissociation constant) とよばれ，

$$K_a = \frac{[\text{H}^+][\text{A}^-]}{[\text{HA}]} \tag{2.28}$$

と表す．弱酸の酸解離定数の例を付表2 (a) に示す．

同様に，弱塩基をBと書くと，

$$\text{B} + \text{H}_2\text{O} \xrightleftharpoons{K_b} \text{BH}^+ + \text{OH}^- \tag{2.29}$$

であり，塩基解離定数 K_b (base dissociation constant) は，

$$K_b = \frac{[BH^+][OH^-]}{[B]} \qquad (2.30)$$

である．弱塩基の解離定数を付表2(b)にまとめた．

次に，酸解離定数 K_a と塩基解離定数 K_b の関係を考えるために，式(2.30)の逆を考える．平衡式を

$$BH^+ \xrightleftharpoons{K_a} B + H^+ \qquad (2.31)$$

と考えると，塩基 B の共役酸 BH^+ の酸解離定数 K_a は，

$$K_a = \frac{[H^+][B]}{[BH^+]} \qquad (2.32)$$

と書け，式(2.30)と式(2.32)の積は，

$$K_a K_b = [H^+][OH^-] = K_w \qquad (2.33)$$

となる．式(2.33)を使えば，弱酸の共役塩基などのように K_b が与えられていない場合でも，その値を求めることができる．

Step up 酸塩基の強さ

弱酸と強酸の違いは，ブレンステッドの定義でいえば，「水素イオン H^+ の放出しやすさ」であり，放出しやすい酸が強酸である．結合の観点からみれば，水素イオンとの結合が強い酸は弱酸で，結合が弱い酸が強酸ということになる．塩化水素 HCl などの強酸は結合が弱く，カルボン酸 RCOOH（R＝アルキル鎖など）は水素 H との結合が強酸に比べて強いので弱酸となる．

強塩基であるアルカリ金属やアルカリ土類金属の水酸化物は，水に溶けて水酸化物イオン OH^- を放出するので強塩基である．一方，弱塩基であるアミン類は水に溶けて，水分子中の水素原子と結合をするため，加水分解反応で水酸化物イオンが生じる．アミン類の塩基性の強さは，言い換えれば，水分子からの水素イオン脱離能力の強さということである．

2.4.2 弱酸の水溶液のpH

本項では，弱酸 HA が濃度 c_{HA} mol dm^{-3} の水溶液の水素イオン濃度 $[H^+]$ を考える[*11]．

弱酸は，強酸と違って，すべてが解離するわけではない．すなわち，式(2.27)で表される解離平衡にあるので，水溶液中の弱酸の一部は HA の形で存在し，一部は解離している．したがって，強酸の場合のように単純には扱えない．それでは，どのように扱えばよいだろうか．

そのためには，まず水溶液中に存在する化学種を書き出すことから始める．水溶液中に存在する化学種は，水分子を除くと，弱酸の解離平衡で生じる水素イオン H^+，共役塩基 A^- と，解離しないままの化学種 HA が存在する．さらに，水の解離から生じる水素イオンと水酸化物イオン OH^- が常に存在する．

これらの化学種間に成り立っている平衡は，式(2.27)と式(2.6)′ により，

$$HA \rightleftharpoons H^+ + A^- \qquad (2.27)$$
$$H_2O \rightleftharpoons H^+ + OH^- \qquad (2.6)'$$

となる．式(2.27)と式(2.6)′ の二つの式の平衡定数は，それぞれ

$$K_a = \frac{[H^+][A^-]}{[HA]} \qquad (2.28)$$

$$K_w = [H^+][OH^-] \qquad (2.7)$$

である．2.3節で述べた強酸の電荷均衡は，弱酸溶液でも成立し，次式のようになる．

$$[H^+] = [A^-] + [OH^-] \qquad (2.34)$$

ここで，強酸溶液で成立していた式(2.13)は，弱酸ではどうなるか考えてみる．溶液に加えられた弱酸の c_{HA} mol dm^{-3} のうち，一部は解離せず HA のままで存在し，一部は解離して A^- の状態にあるため，結局

[*11] 2.4.2項は，後述する中和滴定の最初の段階に相当する．

$$c_{HA} = [HA] + [A^-] \tag{2.35}$$

である．式(2.35)が弱酸水溶液の質量均衡を表す式である．

弱酸の水溶液を扱うにあたって注意すべきは，[HA]と$[H^+]$の和はc_{HA}ではないことである．なぜなら，水溶液中の水素イオンは，弱酸の解離だけで生じるのではないからである．

ここまでみてくると，弱酸の水溶液中では，式(2.7)，(2.28)，(2.34)，(2.35)の4式が成立していることがわかる．濃度未知数は，[HA]，$[H^+]$，$[A^-]$，$[OH^-]$の4個であるから，連立方程式を解くことによって求められる．

それでは弱酸の水溶液の水素イオン濃度を計算してみよう．まず，電荷均衡の式(2.34)を変形すると，

$$[A^-] = [H^+] - [OH^-] \tag{2.36}$$

となる．すると，質量均衡式は

$$[HA] = c_{HA} - [A^-] = c_{HA} - ([H^+] - [OH^-]) \tag{2.37}$$

であるから，式(2.36)，(2.37)を式(2.28)に代入すると，

$$K_a = \frac{[H^+]([H^+] - [OH^-])}{c_{HA} - ([H^+] - [OH^-])} \tag{2.38}$$

である．さらに，式(2.7)から，式(2.38)は

$$K_a = \frac{[H^+]\left([H^+] - \dfrac{K_w}{[H^+]}\right)}{c_{HA} - \left([H^+] - \dfrac{K_w}{[H^+]}\right)} \tag{2.39}$$

となる．式(2.39)を変形して

$$[H^+]^3 + K_a[H^+]^2 - (K_w + c_{HA}K_a)[H^+] - K_aK_w = 0 \tag{2.40}$$

がえられる．

弱酸の水溶液の水素イオン濃度は，三次式で表される．三次式は煩雑な計算を必要とするが，解の公式があるので解けないわけではない．また，現在ではコンピュータで，漸近法を用いて解くことも可能である．数学的にはいくらでも解くことが可能であるが，化学の実験には誤差がつきものであるため，厳密に解いても意味がない．

そこで式を簡単にすることを試みる．まず，式(2.36)において弱酸濃度が大きければ，水溶液は酸性になっていることは容易に想像がつく．水酸化物イオンの濃度が水素イオン濃度の5%以下，すなわち，

$$[H^+] \times 0.05 > [OH^-] \tag{2.41}$$

が成立すると，式(2.36)の$([H^+] - [OH^-])$における$[OH^-]$は$[H^+]$にたいして無視できる．すると式(2.38)は

$$K_a = \frac{[H^+]^2}{c_{HA} - [H^+]} \tag{2.42}$$

となり，$[H^+]$に対して二次式となる．

式(2.42)の分母は，濃度c_{HA}の弱酸が解離したあとに残った未解離のHAの濃度である．そこで，弱酸の酸解離定数が小さく，ほとんど解離していないような条件

$$c_{HA} \times 0.05 > [H^+] \tag{2.43}$$

が成り立てば，式(2.42)はさらに簡略化でき，

$$K_a = \frac{[H^+]^2}{c_{HA}} \tag{2.44}$$

となる[*12]．すなわち，

$$[H^+] = \sqrt{K_a c_{HA}} \tag{2.45}$$

である[*13]．

解離定数が小さく，濃度が十分に高ければ，簡単に式(2.45)から水素イオン濃度が計算可能である．解離定数が大きく，式(2.43)が成立しない場合は，式(2.42)を解けばよい．よほど希薄な水溶液でなければ，三次式を解く必要はほとんどない．

[*12] 式(2.44)は，結局，式(2.28)において$[HA] = c_{HA}$，$[A^-] = [H^+]$とすることと同じである．
[*13] 式(2.42)や式(2.45)は，ごく希薄な弱酸水溶液には適用できないことに注意する．10^{-7} mol dm^{-3}程度以下の水溶液では，式(2.40)を解く必要がある．

Step up 質量均衡

図 2.6 で質量均衡を考えてみる．図 2.6 のように，水に酢酸 CH_3COOH を溶解することを考える．加える酢酸の物質量を c とする．これを $1.0\,dm^3$（1.0 L）の水に溶かす．酢酸の分析濃度は $1.0\,mol\,dm^{-3}$ である．

しかし，酢酸は水に溶けると一部が解離して酢酸イオン CH_3COO^- となる．ここで酢酸イオンと解離せずに残っている酢酸の濃度について考えてみると，次式のようになる．

$$[CH_3COOH]+[CH_3COO^-]=c$$

これを質量均衡という．質量均衡を物質収支とよぶ場合もある．

ここで，酢酸は解離して酢酸イオンとなるが，そのとき同時に同量の水素イオン H^+ が生成するので，質量均衡の式を

$$[CH_3COOH]+[H^+]=c$$

と書いてもよさそうに思うかもしれないが，これは誤りであることに注意する．なぜなら，水素イオンは酢酸の解離によってのみ生成するのはなく，溶媒である水の自己解離によっても生ずるためであり，

$$[CH_3COO^-]\neq[H^+]$$

となるからである．

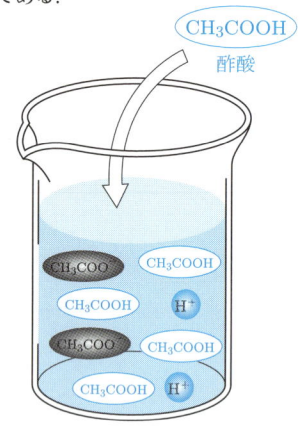

●図 2.6 ● 酢酸の溶解と質量均衡

Step up 弱酸水溶液の pH 計算法

弱酸溶液の pH を漸近法で計算してみる．

手順①
式(2.38)を変形すると，次のようになる．

$$[H^+]-[OH^-]=\frac{K_a c_{HA}}{K_a+[H^+]} \quad (2.38)'$$

ここで，$[H^+]-[OH^-]$ を D とおく．与えられた酸の酸解離定数 K_a と濃度 c_{HA}，および適当な初期値の水素イオン濃度 $[H^+]$ を入れて D を計算する．

手順②
求まった D を使って，改めて $[H^+]$ を計算する．すなわち，式(2.7)と(2.38')から，

$$D=[H^+]-[OH^-]=[H^+]-\frac{K_w}{[H^+]}$$

であるから，変形することによって導かれる次式を使って $[H^+]$ を求める．

$$[H^+]=\frac{D+\sqrt{D^2+4K_w}}{2}$$

手順③
手順①で与えた初期値と手順②で求めた計算値の $[H^+]$ が一致，もしくは 5 % 以内の誤差であれば計算を打ち切り，手順②で求めた $[H^+]$ を弱酸水溶液の水素イオン濃度として採用する．

両者が一致しない場合は，手順②で求めた $[H^+]$ を初期値として手順①に戻り，両者が一致（もしくは 5 % 以内の誤差）になるまで手順①と②の操作を繰り返す．

例として，酢酸 CH_3COOH の水溶液で計算してみる．酢酸の pK_a は 4.76，濃度は $1.00\times10^{-5}\,mol\,dm^{-3}$ とする．計算結果は次表のようになり，6 回の計算で両者が一致した．

計算回数	$[H^+]$ の初期値 [$mol\,dm^{-3}$]	手順②での $[H^+]$ の計算値 [$mol\,dm^{-3}$]
1	1.00×10^{-5}	6.35×10^{-6}
2	6.35×10^{-6}	7.33×10^{-6}
3	7.33×10^{-6}	7.03×10^{-6}
4	7.03×10^{-6}	7.12×10^{-6}
5	7.12×10^{-6}	7.10×10^{-6}
6	7.10×10^{-6}	7.10×10^{-6}

この水溶液の水素イオン濃度を式(2.42)を使って計算すると，$7.10\times10^{-6}\,mol\,dm^{-3}$ と等しい値となる．

漸近法が威力を発揮するのは，濃度が希薄な弱酸水溶液の場合である．たとえば，濃度が $1.00\times10^{-7}\,mol\,dm^{-3}$ の水溶液について式(2.42)を使って計算した場合，

$$[H^+]=9.94\times10^{-8}\,mol\,dm^{-3}$$

となり正しい値は得られないが，漸近法で計算すると 2 回の計算で $1.42\times10^{-7}\,mol\,dm^{-3}$ と正しい答えが得られる．

例題 2.6

フッ化水素 HF 0.100 mol を水で希釈して 1.00 dm³ とした水溶液（フッ化水素酸）の水素イオン濃度 [H⁺] を求めよ．

解答 題意から，弱酸であるフッ化水素酸の濃度 c_{HA} は 0.100 mol dm⁻³ であるので，式(2.45)を使うと，

$$[H^+] = (10^{-2.85} \times 0.100)^{\frac{1}{2}} = 10^{-1.925} = 1.19 \times 10^{-2} \text{ mol dm}^{-3}$$

である．この水素イオン濃度は，加えたフッ化水素の濃度の 11 % となるので，$c_{HA} \times 0.05 > [H^+]$ の条件が満足されない．そこで，式(2.42)を使うと

$$[H^+] = 1.12 \times 10^{-2} \text{ mol dm}^{-3}$$

である．この場合，両者の差は 6 % あるので，式(2.42)を使うのがよいことがわかる．

弱酸溶液の水素イオン濃度を求めるのに，式(2.45)ではなく式(2.42)を使わなければならなくなったのは，フッ化水素 HF の酸解離定数が大きくて，フッ化水素の解離による効果が無視できなかったことによる．

2.4.3 弱酸の解離度

本項では，弱酸の解離が pH によってどのように変化するかを考える．弱酸の**解離度** α は，次のように定義される．

$$\alpha = \frac{[A^-]}{c_{HA}} \tag{2.46}$$

式(2.35)と式(2.28)を使って，式(2.46)は，次式のように書きかえられる．

$$\alpha = \frac{[A^-]}{[HA] + [A^-]} = \frac{\frac{K_a}{[H^+]}}{1 + \frac{K_a}{[H^+]}} = \frac{K_a}{K_a + [H^+]} \tag{2.47}$$

式(2.47)からわかるように，解離度は水素イオン濃度の関数であるが，酸の濃度に依存しない．解離度から，水溶液中に存在する弱酸を含む化学種の存在率を求めることができる．1 塩基酸の場合，未解離の酸の存在割合は $(1-\alpha)$ であり，解離した陰イオンの存在割合は α である．酢酸 CH₃COOH を例にとって，式(2.47)を計算した結果を図 2.7 に示す．

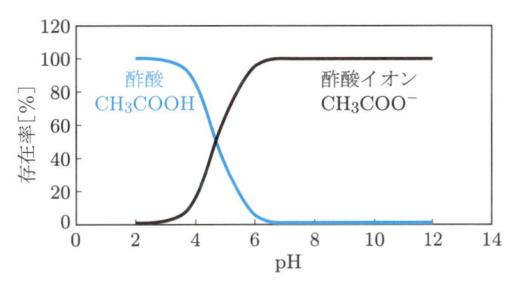

●図 2.7● 酢酸と酢酸イオンの存在率の pH 依存性

図 2.7 に示したように，pH の値が小さい（pH が低い）領域ではほとんど解離せず，pH の値が大きく（pH が高く）なるにしたがって解離が進行することがわかる．また，解離度 50 % の点では

$$[H^+] = K_a$$

すなわち

$$\text{pH} = \text{p}K_a \tag{2.48}$$

である．

例題 2.7 フッ化水素酸についてフッ化水素 HF とフッ化物イオン F^- の存在率を求めよ．

解答 付表 2 からフッ化水素酸の酸解離定数を求めて，図 2.7 と同じ計算をすると，図 2.8 が得られる．

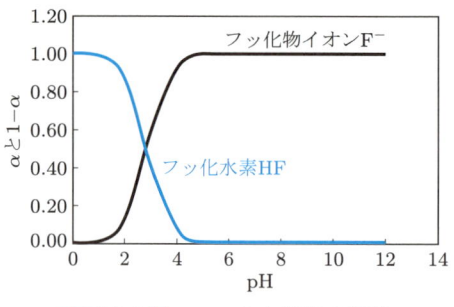

● 図 2.8 ● フッ化水素酸の解離

図 2.7 と比較して，解離度 α と $1-\alpha$ の交差する pH の値が小さくなっていることに注意する．すなわち，K_a が大きくなると低 pH で解離が起こるのである．

2.4.4 弱塩基の水溶液の pH

弱塩基の水溶液の概念図を図 2.9 に示す．ここでは，アンモニア水溶液を例としている．

アンモニア NH_3 は，水に溶解すると，式 (1.11) に示した平衡により水分子から水素イオン H^+ を受けとり，一部はアンモニウムイオン NH_4^+ となる．水分子の一部は水素イオンをとられるため，水酸化物イオン OH^- を生じる．そのため，アンモニア水溶液は塩基性となる．

弱塩基の水溶液の水素イオン濃度 $[H^+]$ は，2.4.2 項で述べた弱酸と同じ方法で解くことができる．すなわち，弱塩基を B とすると，水溶液中では式 (1.11) と同様の平衡が成立している．弱塩基 B の水溶液中で成立している平衡は，弱塩基の解離平衡と水の自己解離であるので，水溶液中で考えなければならない平衡定数は K_b と K_w の二つである．

$$K_b = \frac{[BH^+][OH^-]}{[B]} \qquad (2.30)$$

$$K_w = [H^+][OH^-] \qquad (2.7)$$

また，弱塩基の濃度を c_b とすると，質量均衡は

$$c_b = [B] + [BH^+] \qquad (2.49)$$

であり，電荷均衡は

$$[BH^+] + [H^+] = [OH^-] \qquad (2.50)$$

である．これらを弱酸の場合と同様にして解くと，

$$K_b = \frac{[OH^-]([OH^-]-[H^+])}{c_b-([OH^-]-[H^+])} \qquad (2.51)$$

となる．塩基性水溶液であることから，

$$[OH^-] \times 0.05 > [H^+] \qquad (2.52)$$

が成立すれば，式 (2.51) は

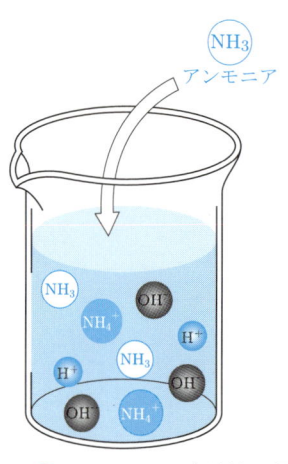

● 図 2.9 ● アンモニア水溶液の概念図

$$K_b = \frac{[\text{OH}^-]^2}{c_b - [\text{OH}^-]} \tag{2.53}$$

となり，さらに

$$c_b \times 0.05 > [\text{OH}^-] \tag{2.54}$$

であれば，

$$K_b = \frac{[\text{OH}^-]^2}{c_b} \tag{2.55}$$

であるから，

$$[\text{OH}^-] = \sqrt{K_b c_b} \tag{2.56}$$

である．通常は，式(2.56)または式(2.53)を使って[OH$^-$]を求めればよい．

例題 2.8　$c_b = 0.100$ mol dm^{-3} のアンモニア NH$_3$ 水溶液の水素イオン濃度 [H$^+$] を求めよ．

解答　アンモニアの解離定数 pK_b は4.71である．式(2.56)を使うと

$$[\text{OH}^-] = (10^{-4.71} \times 0.100)^{\frac{1}{2}} = 1.40 \times 10^{-3}\ \text{mol dm}^{-3}$$

となる．よって水素イオン濃度は

$$[\text{H}^+] = 7.14 \times 10^{-12}\ \text{mol dm}^{-3}\ \left(= \frac{1.0 \times 10^{-14}}{1.40 \times 10^{-3}}\right)$$

である．
　水酸化物イオン OH$^-$ の濃度は加えたアンモニアの濃度の5％未満であるので，式(2.54)の条件が成立する．ちなみに，式(2.53)を用いて計算しても

$$[\text{OH}^-] = 1.40 \times 10^{-3}\ \text{mol dm}^{-3}$$

となり，式(2.56)で計算したときと変わりはない．

Coffee Break

生活の中の弱酸

　誰もが果物を食べて酸っぱい思いをしたことがあるだろう．たとえば，夏ミカンを食べることを想像するだけで，口が唾液で満たされるのではないだろうか．
　夏ミカンの酸っぱさの原因はビタミンC（アスコルビン酸）C$_6$H$_8$O$_6$ やクエン酸 C$_6$H$_8$O$_7$ などである．ミカンは糖分のほかに，これらの酸を含んでいるので酸っぱいのである．
　その他，多くの野菜にもクエン酸は含まれているし，リンゴにはリンゴ酸 C$_4$H$_6$O$_5$ という弱酸が含まれており，リンゴ独特の香りと味をもたらしている．
　これらの酸は人間の体に入るといろいろな効果をもたらすので，健康食品や薬品として販売されている．しかし，野菜や果物をたくさん食べることによってこれらの酸は摂取できるので，病気の場合以外，このような製品を食べる必要はないだろう．

2.5　弱酸の塩の水溶液

　弱酸 HA の塩とは，たとえば，酢酸ナトリウム CH$_3$COONa，フッ化カリウム KF などである．弱酸の塩は自然界に広く存在し，生体内にも含まれ，生命維持に重要な役割をはたしている．
　弱酸の塩の水溶液の概念を図2.10に示す．弱酸 NaA を水に溶解すると，水溶液中には共役塩基 A$^-$，水酸化物イオン OH$^-$，ナトリウムイオン Na$^+$，水素イオン H$^+$，HA，水 H$_2$O が化学種として存在する．ここで，NaA はすべて解離するので水溶液中には存在しないことに注意する．
　弱酸の塩の水溶液は，弱酸を強塩基で中和滴定したときの中和点[14]の水溶液と等しい．すなわ

---

[14] 滴定における終点のこと．滴定される物質がすべて反応し終える点である．

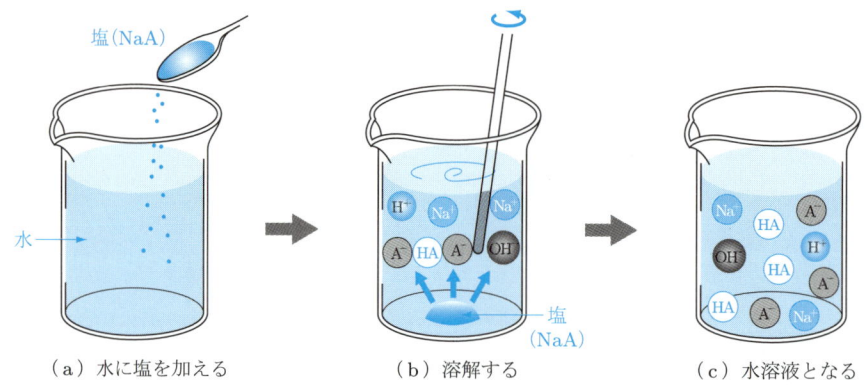

●図 2.10● 弱酸の塩 NaA の水溶液の概念図

(a) 水に塩を加える　(b) 溶解する　(c) 水溶液となる

ち，酢酸 CH_3COOH の水酸化ナトリウム $NaOH$ による中和反応を例にあげると，

$$CH_3COOH + NaOH \longrightarrow CH_3COONa + H_2O \tag{2.57}$$

となり，中和点では酢酸はすべて中和されて，酢酸ナトリウムの水溶液と同等になる．

弱酸の塩，たとえば酢酸ナトリウムを水に溶かすと，次の反応が起こる．

$$CH_3COONa \longrightarrow CH_3COO^- + Na^+ \tag{2.58}$$

この反応は完全に進行し，水溶液中に酢酸ナトリウムという化学種は事実上存在しない．

解離した酢酸イオン CH_3COO^- は，続いて水と反応し，酢酸と水酸化物イオンを生じ，平衡となる．

$$CH_3COO^- + H_2O \rightleftharpoons CH_3COOH + OH^- \tag{2.59}$$

式(2.59)の反応のために，水溶液は塩基性となる．この反応を<u>塩の加水分解</u>（hydrolysis）という．

ここで，弱酸の塩の水溶液の水素イオン濃度はいくらになるか考えてみる．

弱酸を HA と書き，弱酸の塩を NaA とし，水溶液中の塩の濃度を c_s[*15] とする．まず，弱酸のナトリウム塩は水に溶けて完全解離する．この反応は次のようになる．

$$NaA \longrightarrow Na^+ + A^- \tag{2.60}$$

次に加水分解反応が起こるが，すぐに平衡に達する．平衡式は

$$A^- + H_2O \rightleftharpoons HA + OH^- \tag{2.61}$$

である．式(2.61)の平衡定数 K_b は

$$K_b = \frac{[HA][OH^-]}{[A^-]} = \frac{K_w}{K_a} \tag{2.62}$$

である．ここで K_a は弱酸の酸解離定数であり，式(2.28)で表される．水の解離を考慮すると，

$$H_2O \rightleftharpoons H^+ + OH^- \tag{2.6}'$$

$$K_w = [H^+][OH^-] \tag{2.7}$$

である．また，電荷均衡は

$$[Na^+] + [H^+] = [A^-] + [OH^-] \tag{2.63}$$

であり，質量均衡は

$$c_s = [Na^+] = [HA] + [A^-] \tag{2.64}$$

である．式(2.63)，(2.64)より，

$$[A^-] = c_s - ([OH^-] - [H^+]) \tag{2.65}$$

である．式(2.65)と式(2.64)より，

$$[HA] = [OH^-] - [H^+] \tag{2.66}$$

である．したがって，式(2.62)は

[*15] 下付きの添え字 s は，塩 (salt) を示す．

$$K_b = \frac{[OH^-]([OH^-]-[H^+])}{c_s-([OH^-]-[H^+])} \tag{2.67}$$

である．塩基性の水溶液であれば，濃度が十分濃く，

$$0.05 \times [OH^-] > [H^+] \tag{2.68}$$

であれば，式(2.67)は

$$K_b = \frac{[OH^-]^2}{c_s - [OH^-]} \tag{2.69}$$

である．さらに，解離定数が小さく，

$$0.05 \times c_s > [OH^-] \tag{2.70}$$

が成立していれば，式(2.67)は，

$$K_b = \frac{[OH^-]^2}{c_s} \tag{2.71}$$

であるから，

$$[OH^-] = \sqrt{K_b c_s} = \sqrt{\frac{K_w}{K_a} c_s} \tag{2.72}$$

となる．ここで，通常は弱酸の共役塩基の K_b の値は与えられていないので，式(2.62)を使って求めていることに注意する．

本節で例として取り上げた酢酸の塩の水溶液は，式(2.58)をみれば明らかなように，酢酸イオンの水溶液を取り扱っている．酢酸イオンは酢酸の共役塩基であるから，弱酸の塩の水溶液は弱塩基の水溶液と同じことになり，結果として得られる式(2.69)と式(2.71)は，前節の結果と同じになる．違いは，式(2.62)を使って，K_a から K_b を求めていることである．

例題 2.9 濃度 $0.0100 \text{ mol dm}^{-3}$ の酢酸ナトリウム水溶液の pH を求めよ．

解答 酢酸ナトリウム CH_3COONa の濃度 c_s は $0.0100 \text{ mol dm}^{-3}$ である．定数 K_w, K_a の値を引用して，式(2.72)に代入すると，

$$[OH^-] = \sqrt{\frac{K_w}{K_a} c_s} = \sqrt{\frac{10^{-14}}{10^{-4.76}} 10^{-2}} = 10^{-5.62} = 2.38 \times 10^{-6} \text{ mol dm}^{-3}$$

である．このとき，$[H^+] = 4.20 \times 10^{-9} \text{ mol dm}^{-3}$ であるから，式(2.68)は成立している．また，式(2.70)も同時に成立しているので，ここで求められた水酸化物イオン濃度は十分正しいことがわかる．

念のため，例題2.9を式(2.69)から導かれる二次式によって解いてみると，水酸化物イオン濃度は，やはり 2.38×10^{-6} となる．

式(2.69)と式(2.72)の解が異なるのは，式(2.70)の条件が崩れた場合であるので，塩の濃度が小さく，解離定数 K_b が大きいとき（すなわち K_a が小さいとき）には，式(2.69)を使って解かなければならない．具体的な目安としては，積 $K_a c_s < 10^{-12}$ である．

2.6 弱酸とその塩を含む水溶液

2.6.1 弱酸と強塩基の塩からなる混合溶液

弱酸と強塩基塩からなる混合溶液は，弱酸 HA とその共役塩基 A^- を同時に含む水溶液，すなわち共役酸塩基対の水溶液である．概念を図2.11に示す．弱酸とその塩の水溶液は，中和滴定における中和点前の水溶液と同等である．

この水溶液には，弱酸と塩 NaA が解離して生じた陰イオン A^- が含まれる．そのほかには，水の解離によって生じた水素イオン H^+ と水酸化物イオン OH^- が存在する．

弱酸とその塩からなる水溶液の水素イオン濃度 $[H^+]$ を求めてみる．水溶液中における弱酸の解離平衡は

$$HA \underset{}{\overset{K_a}{\rightleftharpoons}} H^+ + A^- \tag{2.27}$$

であり，式(2.27)の平衡定数は

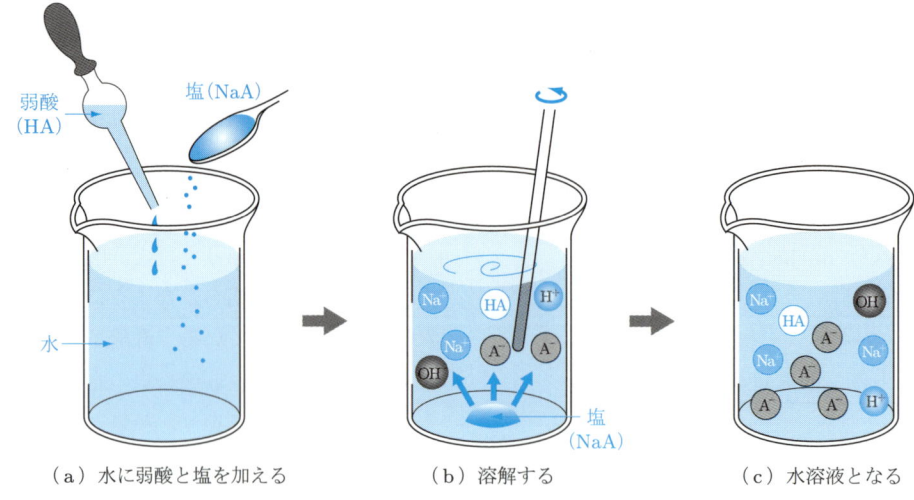

●図2.11● 弱酸とその塩からなる水溶液の概念図

$$K_a = \frac{[H^+][A^-]}{[HA]} \quad (2.28)$$

である．弱酸の塩の溶解反応は

$$NaA \longrightarrow Na^+ + A^- \quad (2.60)$$

である．水の解離平衡とイオン積は

$$H_2O \rightleftharpoons H^+ + OH^- \quad (2.6)'$$

$$K_w = [H^+][OH^-] \quad (2.7)$$

である．

弱酸の濃度を c_a，塩の濃度を c_b とする．電荷均衡は

$$[Na^+] + [H^+] = [A^-] + [OH^-] \quad (2.73)$$

であり，質量均衡は

$$c_a + c_b = [HA] + [A^-] \quad (2.74)$$

である．また明らかに，

$$[Na^+] = c_b \quad (2.75)$$

である．式(2.28)，(2.7)，(2.73)〜(2.75)の5式からなる連立方程式において，未知数は $[Na^+]$，$[H^+]$，$[A^-]$，$[OH^-]$，$[HA]$ の5種類であるから，すべての濃度を計算で解くことができる．すなわち，式(2.73)と式(2.75)から

$$[A^-] = c_b + [H^+] - [OH^-] \quad (2.76)$$

であるので，式(2.74)は

$$[HA] = c_a - ([H^+] - [OH^-]) \quad (2.77)$$

である．したがって，式(2.28)は

$$K_a = \frac{[H^+]\{c_b + ([H^+] - [OH^-])\}}{c_a - ([H^+] - [OH^-])} \quad (2.78)$$

である．ここでもし，$c_a \gg |[H^+] - [OH^-]|$，かつ $c_b \gg |[H^+] - [OH^-]|$ ならば，式(2.78)は

$$K_a = \frac{[H^+]c_b}{c_a} \quad (2.79)$$

である．変形すれば

$$pH = pK_a + \log\left(\frac{c_b}{c_a}\right) \quad (2.80)$$

となる．この式は，ヘンダーソン-ハッセルバルヒの式（Henderson–Hasselbalch equation）[16] として知られ，c_a と c_b が $\sqrt{K_w}$ に比べて大きければ常に成立する．

また，式(2.79)は，式(2.76)と式(2.77)を比べてみればわかるように，$[A^-] = c_b$，$[HA] = c_a$ と近似したわけであるから，結局，加えた塩濃度がそのまま解離した弱酸，すなわち共役塩基濃度と

---

[16] ヘンダーソン（L. J. Henderson, 1878-1942）は，アメリカの化学者・生理学者である．ハッセルバルヒ（K. A. Hasselbalch, 1874-1962）は，デンマークの化学者・物理学者である．

なり，加えた弱酸は共役塩基が存在するため，解離反応が進行せずに濃度 c_a のままとどまっていることを示している．

> **例題 2.10** 酢酸 CH_3COOH と酢酸ナトリウム CH_3COONa の濃度の和が $0.10\ \mathrm{mol\ dm^{-3}}$ に固定された水溶液で，酢酸ナトリウムの濃度が $0.01\ \mathrm{mol\ dm^{-3}}$ から $0.09\ \mathrm{mol\ dm^{-3}}$ まで $0.01\ \mathrm{mol\ dm^{-3}}$ 刻みで変化したときの pH を計算せよ．
>
> **解答** 酢酸の酸解離定数は 1.74×10^{-5}（$pK_a=4.76$）であるから，式(2.80)に代入すると
>
> $$\mathrm{pH}=4.76+\log\left(\frac{c_b}{c_a}\right)$$
>
> である．計算結果を表2.2にまとめた．
>
> ■表2.2■ 酢酸緩衝液の組成と pH の関係
>
> | c_b | c_a | c_b/c_a | pH | c_b | c_a | c_b/c_a | pH |
> |---|---|---|---|---|---|---|---|
> | 0.01 | 0.09 | 0.11 | 3.81 | 0.06 | 0.04 | 1.50 | 4.94 |
> | 0.02 | 0.08 | 0.25 | 4.16 | 0.07 | 0.03 | 2.33 | 5.13 |
> | 0.03 | 0.07 | 0.43 | 4.39 | 0.08 | 0.02 | 4.00 | 5.36 |
> | 0.04 | 0.06 | 0.67 | 4.58 | 0.09 | 0.01 | 9.00 | 5.71 |
> | 0.05 | 0.05 | 1.00 | 4.76 | | | | |

2.6.2 緩衝溶液

緩衝溶液（buffer solution）とは，少量の酸，あるいは塩基が加えられても pH の変化が小さい溶液のことである[*17]．

まず，図2.12のように，純水 $100\ \mathrm{cm^3}$ に濃度 $0.1\ \mathrm{mol\ dm^{-3}}$ の水酸化ナトリウム NaOH を $1.00\ \mathrm{cm^3}$ 加えることを考えてみる．図2.12（a）は純水なので，pH は 7 である．この水溶液に，水酸化ナトリウム $0.100\times10^{-3}\ \mathrm{mol}$ を加える（図2.12（b））と，最終的な水溶液（図2.12（c））中での水酸化ナトリウム濃度は $0.99\times10^{-3}\ \mathrm{mol\ dm^{-3}}$ となる．図2.12（c）の水溶液の pH は 11.00 である．はじめの溶液では pH が 7.00 であるから，pH が 7 から 11 まで 4 単位変化したことになる．

同じように pH7 の純水に酸を加えれば pH は下がる．実験などにおいては，pH が変化すると

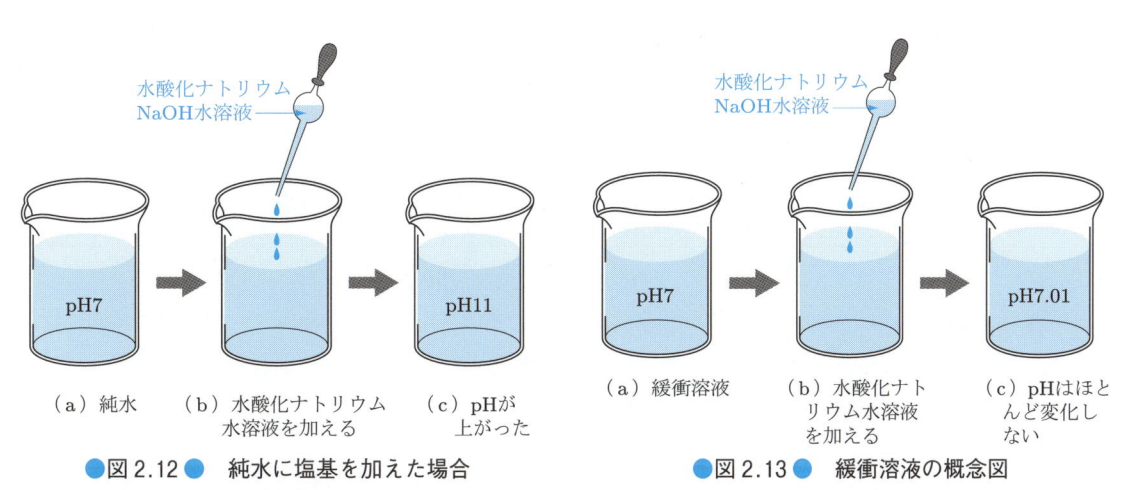

（a）純水　（b）水酸化ナトリウム水溶液を加える　（c）pH が上がった

●図2.12● 純水に塩基を加えた場合

（a）緩衝溶液　（b）水酸化ナトリウム水溶液を加える　（c）pH はほとんど変化しない

●図2.13● 緩衝溶液の概念図

[*17] 動物の体内に含まれる酵素は，特定の pH ではたらく．pH が変化すると作用は弱くなる．体内には多くの酵素があり，互いに影響しあいながら生体を維持しているので，体液の pH を一定に保つことは重要である．

困る場合がある．このときに使われるのが緩衝溶液である．図 2.13 に概念図を示した．緩衝溶液では少量の酸や塩基が水溶液に加えられても pH が変化しにくい．

緩衝溶液は 2.6.1 項で説明した弱酸とその共役塩基からなる水溶液で構成され，緩衝溶液として作用するには相当高濃度の水溶液であることが必要である．

たとえば，濃度 $0.100\,\mathrm{mol\,dm^{-3}}$ のフッ化水素酸 HF と濃度 $0.100\,\mathrm{mol\,dm^{-3}}$ のその共役塩基であるフッ化ナトリウム NaF からなる緩衝溶液を考える．フッ化水素酸の $\mathrm{p}K_\mathrm{a}$ は 2.85 (1.41×10^{-3}) であるが，この緩衝溶液の水素イオン濃度は，式 (2.79) より濃度 $1.41\times10^{-3}\,\mathrm{mol\,dm^{-3}}$ と計算される．この溶液 $100\,\mathrm{cm^3}$ に濃度 $0.1\,\mathrm{mol\,dm^{-3}}$ の水酸化ナトリウム水溶液を $1.00\,\mathrm{cm^3}$ 加えるとする．

はじめの溶液中に存在するフッ化水素の物質量は 0.0100 mol である．この溶液に 0.100×10^{-3} mol の水酸化ナトリウム水溶液が加えられるので，フッ化水素の一部が中和され，フッ化水素濃度は 0.0099 mol まで減少する．一方，フッ化ナトリウムは，はじめ 0.0100 mol であったものが，水酸化ナトリウムを加えることにより 0.0101 mol まで増加する．

最終的には，溶液の水素イオン濃度 [$\mathrm{H^+}$] は，式 (2.79) より $1.40\times10^{-3}\,\mathrm{mol\,dm^{-3}}$ となる．pH で表すと 2.85 であり，水酸化ナトリウムを加える前と変わらない．緩衝能のない水溶液では pH が 4 も変化するが，緩衝溶液とすることにより pH の変化がほとんどなくなることがわかる．

式 (2.80) において，$\mathrm{p}K_\mathrm{a}$ は弱酸に固有の値であるから，緩衝溶液の pH は c_b と c_a の比だけに依存するので，溶液を希釈しても pH は変わらない．

2.6.3 緩衝能

緩衝溶液の緩衝能力の尺度を**緩衝能**という．緩衝能 β は pH 単位で 1 変化させるために加えなければならない強酸または強塩基の濃度で定義される．結果のみ示すと，β は

$$\beta = \frac{2.3 K_\mathrm{a} c_\mathrm{t} [\mathrm{H^+}]}{(K_\mathrm{a} + [\mathrm{H^+}])^2} \tag{2.81}$$

となる．式 (2.81) は，$c_\mathrm{t}(=c_\mathrm{a}+c_\mathrm{b})$ が一定ならば $K_\mathrm{a}=[\mathrm{H^+}]$ で極大値 β_max を示し，その値は

$$\beta_\mathrm{max} = \frac{2.3 c_\mathrm{t}}{4} \tag{2.82}$$

であることを示している．

例題 2.11 例題 2.10 で取り上げた酢酸–酢酸ナトリウム系も緩衝溶液の一つである．酢酸–酢酸ナトリウム系で緩衝能を計算せよ．ただし，酢酸 $\mathrm{CH_3COOH}$ と酢酸ナトリウム $\mathrm{CH_3COONa}$ の濃度の和は，$0.1\,\mathrm{mol\,dm^{-3}}$ で一定とする．

解答 酢酸の酸解離定数 K_a は，1.74×10^{-5} である．c_t を 0.1 で一定として c_b を変化させたときを計算した結果を表 2.3 に示す．

■表 2.3 ■ 緩衝液の組成による緩衝能の変化

c_b	pH	β	c_b	pH	β
0.01	3.80	0.021	0.06	4.93	0.055
0.02	4.15	0.037	0.07	5.12	0.048
0.03	4.39	0.048	0.08	5.36	0.037
0.04	4.58	0.055	0.09	5.71	0.021
0.05	4.75	0.058			

β_max は，$c_\mathrm{b}=0.05$，すなわち $c_\mathrm{b}/c_\mathrm{a}=1$ のときに最大値 0.058 を示す．

2.7 多塩基酸組成のpH依存性

2.7.1 多塩基酸と逐次解離定数

多塩基酸とは，解離できる水素原子を複数もっている酸のことである．概念図を図2.14に示す．この図では3塩基酸 H_3A を水に加えている．3塩基酸の場合，解離できる水素原子が3個あるので，3種類の酸解離平衡が生じ，水溶液内に含まれる化学種は，溶媒である水分子を除くと，H_3A，2塩基酸 H_2A^-，1塩基酸 HA^{2-}，A^{3-}，水素イオン H^+，水酸化物イオン OH^- となる．1塩基酸に比べると化学種の数が多い．

多塩基酸として，リン酸 H_3PO_4 を取り上げる．化学式からもわかるように，リン酸は3個の水素をもち，それら3個の水素が解離して水素イオンとなるので3塩基酸である．よって，リン酸水溶液中で成立している平衡は

$$H_3PO_4 \underset{}{\overset{K_{a1}}{\rightleftharpoons}} H^+ + H_2PO_4^- \tag{2.83}$$

$$H_2PO_4^- \underset{}{\overset{K_{a2}}{\rightleftharpoons}} H^+ + HPO_4^{2-} \tag{2.84}$$

$$HPO_4^{2-} \underset{}{\overset{K_{a3}}{\rightleftharpoons}} H^+ + PO_4^{3-} \tag{2.85}$$

である．式(2.83)〜(2.85)は，それぞれ第1段目，第2段目，第3段目の解離であり，それぞれ一つ目，二つ目，三つ目の水素が解離する．それぞれの段階の解離定数は，次のようになる．

$$K_{a1} = \frac{[H^+][H_2PO_4^-]}{[H_3PO_4]} \tag{2.86}$$

$$K_{a2} = \frac{[H^+][HPO_4^{2-}]}{[H_2PO_4^-]} \tag{2.87}$$

$$K_{a3} = \frac{[H^+][PO_4^{3-}]}{[HPO_4^{2-}]} \tag{2.88}$$

一般的に，弱酸の多塩基酸を H_nA と書くと，i 段目の解離定数は

$$H_{n-i+1}A^{(i-1)-} \overset{K_{ai}}{\rightleftharpoons} H^+ + H_{n-i}A^{i-} \tag{2.89}$$

$$K_{ai} = \frac{[H^+][H_{n-i}A^{i-}]}{[H_{n-i+1}A^{(i-1)-}]} \tag{2.90}$$

である．K_{ai} を **逐次解離定数** という．

2.7.2 多塩基酸の水溶液の組成

本項では，pHの関数として多塩基酸水溶液の組成を求める．多塩基酸の初濃度を c_a mol dm^{-3} とし，ある化学種の濃度の全濃度に対する割合を α_i とする．すなわち，

$$\alpha_i = \frac{[H_{n-i}A^{i-}]}{c_a} \tag{2.91}$$

である．つまり，

$$\alpha_0 = \frac{[H_nA]}{c_a}$$

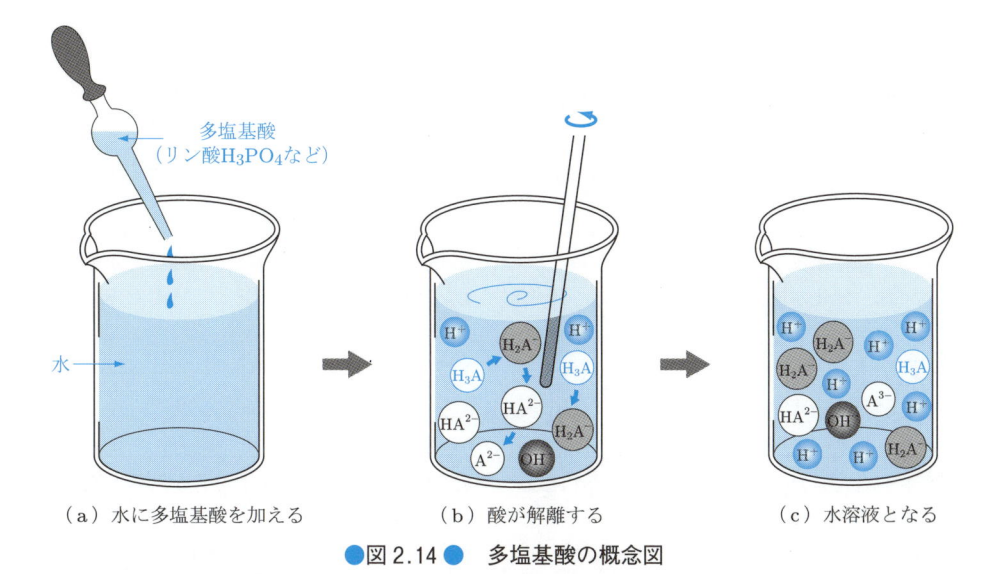

（a）水に多塩基酸を加える　（b）酸が解離する　（c）水溶液となる

●図2.14● 多塩基酸の概念図

$$\left.\begin{array}{l}\alpha_1 = \dfrac{[H_{n-1}A^-]}{c_a} \\ \vdots \\ \alpha_n = \dfrac{[A^{n-}]}{c_a}\end{array}\right\} \quad (2.92)$$

である．逐次解離定数 K_{ai} を用いると，

$$\alpha_1 = \dfrac{\alpha_0 K_{a1}}{[H^+]} \quad (2.93)$$

である．以下，

$$\alpha_2 = \dfrac{\alpha_0 K_{a1} K_{a2}}{[H^+]^2} \quad (2.94)$$

$$\vdots$$

$$\alpha_n = \dfrac{\alpha_0 K_{a1} K_{a2} \cdots K_{an}}{[H^+]^n} \quad (2.95)$$

となる．質量均衡は，

$$c_a = [H_n A] + [H_{n-1}A^-] + [H_{n-2}A^{2-}] + \cdots + [A^{n-}] \quad (2.96)$$

となる．よって，

$$1 = \alpha_0 + \alpha_1 + \alpha_2 + \cdots + \alpha_n \quad (2.97)$$

である．また

$$\dfrac{1}{\alpha_0} = 1 + \dfrac{K_{a1}}{[H^+]} + \dfrac{K_{a1}K_{a2}}{[H^+]^2} + \cdots + \dfrac{K_{a1}K_{a2}\cdots K_{an}}{[H^+]^n} \quad (2.98)$$

となる．式(2.98)を求め，次に式(2.93)から式(2.95)を計算することによって，すべての α の値が計算できる．すなわち，多塩基酸水溶液の組成が計算できる．

Step up 一般式

式(2.93)〜(2.98)では個々の α について表現したが，α は一般式として，次の式(2.99)のように表すことができる．なお，ここで n は多塩基酸で解離できるプロトンの数，m は解離したプロトンの数を示す（$m \leq n$ である）．

$$\begin{aligned}\alpha_m &= \dfrac{[H_{n-m}A^{m-}]}{c_a} = \dfrac{[H_{n-m}A^{m-}]}{[H_nA]+[H_{n-1}A^-]+[H_{n-2}A^{2-}]+\cdots+[A^{n-}]} \\ &= \dfrac{\dfrac{[H_{n-m}A^{m-}]}{[H_nA]}}{1+\dfrac{[H_{n-1}A^-]}{[H_nA]}+\dfrac{[H_{n-2}A^{2-}]}{[H_nA]}+\cdots+\dfrac{[A^{n-}]}{[H_nA]}} \\ &= \dfrac{\dfrac{K_{a1}K_{a2}\cdots K_{am}}{[H^+]^m}}{1+\dfrac{K_{a1}}{[H^+]}+\dfrac{K_{a1}K_{a2}}{[H^+]^2}+\cdots+\dfrac{K_{a1}K_{a2}\cdots K_{an}}{[H^+]^n}}\end{aligned} \quad (2.99)$$

多塩基酸の例として，2塩基酸である硫化水素 H_2S を次の例題で考えてみる．

例題 2.12 硫化水素 H_2S の水溶液中での硫化水素，硫化水素イオン HS^-，硫化物イオン S^{2-} の濃度分布を考えよ．

解答 硫化水素は2塩基酸であるから，$n=2$ であり，m は 0, 1, 2 の3種類の場合がある．それぞれ，硫化水素，硫化水素イオン，硫化物イオンに対応する．したがって，式(2.98)

$$\dfrac{1}{\alpha_0} = \dfrac{c_a}{[H_2S]} = 1 + \dfrac{K_{a1}}{[H^+]} + \dfrac{K_{a1}K_{a2}}{[H^+]^2}$$

を使って $[H_2S]$ を求め，$[HS^-]$，$[S^{2-}]$ は，それぞれ式(2.93)，(2.94)を使って求める．

酸解離定数として，$K_{a1}=8.51\times10^{-8}$，$K_{a2}=6.31\times10^{-13}$ を代入して計算すると，酸濃度 c_a に対する各化学種の存在率 $[H_{2-n}A^{n-}]/c_a$ は，図2.15のようになる．なお，硫化水素は2段目までしか解離しないから，分母は第3項まで考えればよい．

図2.15からpH6付近までは未解離の化学種H_2Sが90％以上を占めるが，pH7では50％程度になり，pH9では1％程度になる．化学種HS^-は，pH5より酸性側ではほとんど存在しないが，pH7で50％に増加し，pH8〜11の間では90％以上存在する．硫化物イオンは，pH12.5以上で主たる化学種となる．すなわち酸性水溶液中では，水素イオンが過剰に存在するために硫化水素の解離が進まないが，1段目の解離定数とpHが等しくなるpH7付近の領域で硫化水素と硫化水素イオンの濃度が等しくなる．さらにpHが上昇すると，2段目の解離が進行しpH12.2で硫化水素イオンと硫化物イオンの濃度が等しくなるという変化をたどるが，この変化は，ルシャトリエの原理（1.2.2項参照）のよい見本である．

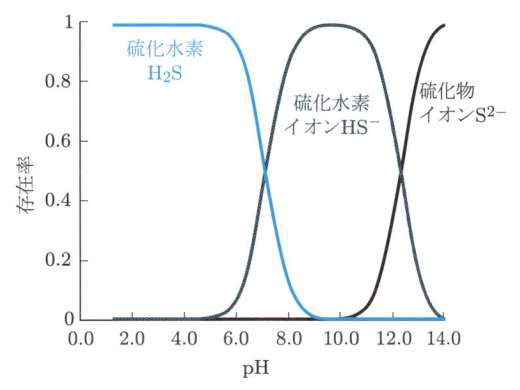

●図2.15● 硫化水素における各化学種の存在率

2.7.3 多塩基酸溶液の水素イオン濃度

多塩基酸の例として2塩基酸H_2Aを取り上げる．2塩基酸は，水溶液中で次のように解離する．

$$H_2A \xrightleftharpoons{K_{a1}} H^+ + HA^- \qquad (2.100)$$

$$HA^- \xrightleftharpoons{K_{a2}} H^+ + A^{2-} \qquad (2.101)$$

これらの平衡に対応する平衡定数は

$$K_{a1} = \frac{[H^+][HA^-]}{[H_2A]} \qquad (2.102)$$

$$K_{a2} = \frac{[H^+][A^{2-}]}{[HA^-]} \qquad (2.103)$$

である．これに，1塩基酸のときと同じく電荷均衡と質量均衡を考慮すれば，水素イオン濃度$[H^+]$を求めることができる．もし，溶媒である水からの水素イオンと水酸化物イオンの寄与が無視でき，一段目の解離定数K_{a1}が2段目の解離定数K_{a2}より十分大きければ，2段目の解離は無視できる．結果として

$$[H^+]^2 + K_{a1}[H^+] - K_{a1}c_a = 0 \qquad (2.104)$$

となる．さらに$0.05 \times c_a > [H^+]$であれば，より簡略化できて

$$[H^+] = (K_{a1}c_a)^{\frac{1}{2}} \qquad (2.105)$$

となり，式(2.42)，(2.45)で示した1塩基弱酸のときと同じことになる[*18]．

Step up 式(2.104)，(2.105)の導出

電荷均衡は

$$[H^+] = [OH^-] + [HA^-] + 2[A^{2-}] \qquad (2.106)$$

である．右辺第3項はA^{2-}が2価の陰イオンであるため，2倍になる．質量均衡は酸の濃度をc_aとすると，

$$c_a = [H_2A] + [HA^-] + [A^{2-}] \qquad (2.107)$$

である．これらの式を使って水素イオン濃度$[H^+]$について解くと，水素イオン濃度について四次式となる．酸の濃度が十分高く，水からの水素イオンH^+と水酸化物イオンOH^-の寄与が無視できるとすると三次式となる．

$$[H^+]^3 + K_{a1}[H^+]^2 + (K_{a1}K_{a2} - K_{a1}c_a)[H^+] - 2K_{a1}K_{a2}c_a = 0 \qquad (2.108)$$

また，通常一段目の解離定数K_{a1}は，2段目の解離定数K_{a2}より十分大きいので，2段目の解離は無視できる．したがって二次式となる．結果だけを示すと

$$[H^+]^2 + K_{a1}[H^+] - K_{a1}c_a = 0 \qquad (2.104)$$

である．さらに$0.05 \times c_a > [H^+]$であれば，より簡略化でき次式となる．

$$[H^+] = (K_{a1}c_a)^{\frac{1}{2}} \qquad (2.105)$$

[*18] 多酸塩基と多塩基酸の関係は，1塩基酸と1酸塩基の関係と同じである．すなわち，K_aをK_bに，水素イオン濃度$[H^+]$を水酸化物イオン濃度$[OH^-]$に，そしてc_aをc_bに置き換えればよい．

> **例題 2.13** 硫化水素 H_2S の濃度 c_a が $0.050\ \mathrm{mol\ dm^{-3}}$ である水溶液の水素イオン濃度はいくらか.
>
> **解答** 硫化水素の K_{a1} は 8.51×10^{-8} であり,K_{a2} は 6.31×10^{-13} である.$K_{a1}\gg K_{a2}$ であるので2段目の解離を無視し,式(2.105)を適用すると,
>
> $$[H^+]=(8.51\times 10^{-8}\times 0.050)^{\frac{1}{2}}=6.52\times 10^{-5}\ \mathrm{mol\ dm^{-3}}$$
>
> となる.この結果は条件 $0.05\times c_a > [H^+]$ を満足しているので,十分に正確と考えられる.ちなみに,式(2.104)に値を代入して解くと,
>
> $$[H^+]=6.52\times 10^{-5}\ \mathrm{mol\ dm^{-3}}$$
>
> となって,実質的には等しいことがわかる.

多酸塩基では,多塩基酸と同じく,2段目以降の解離が無視できて,$0.05 c_b > [OH^-]$ ならば

$$[OH^-]=(K_{b1}c_b)^{\frac{1}{2}} \tag{2.109}$$

が成立する.この式は炭酸ナトリウム Na_2CO_3,あるいはリン酸ナトリウム Na_3PO_4 のような塩の水溶液の水素イオン濃度の計算に使うことができる.

2.7.4 多塩基弱酸の塩の水溶液

多塩基酸の塩の水溶液は,1塩基酸に比べて扱わなければならない化学種が多いため,厳密な式を解くのは面倒であるが,生物体液の pH のコントロール作用や実験における緩衝溶液に利用されるなど重要なはたらきをしているので,多塩基酸の溶液の性質を理解することは重要である.

(a) 1種類の多塩基酸の塩を含む水溶液

ここでは多塩基弱酸の塩のうち,プロトンの一部がプロトン以外の陽イオンで置換された塩の水溶液を考える.たとえば,リン酸二水素ナトリウム NaH_2PO_4,炭酸水素ナトリウム $NaHCO_3$ などである.多塩基酸の塩 NaH_2A(A を PO_4 に置き換えれば,NaH_2A はリン酸二水素ナトリウムとなる)の水溶液の場合の概念図を図 2.16 に示す.図 2.16 の場合,溶液には A^{3-} を含む化学種として,加えたリン酸二水素ナトリウムが解離して生じた H_2A^- と Na^+ のほか,H_2A^- が水素イオン H^+ を放出することによって生じる HA^{2-} や A^{3-},水素イオンを取り込むことによって生じる H_3A が含まれる.さらに,水の自己解離によって生じる水素イオンや水酸化物イオンをも考慮する必要がある[*19].

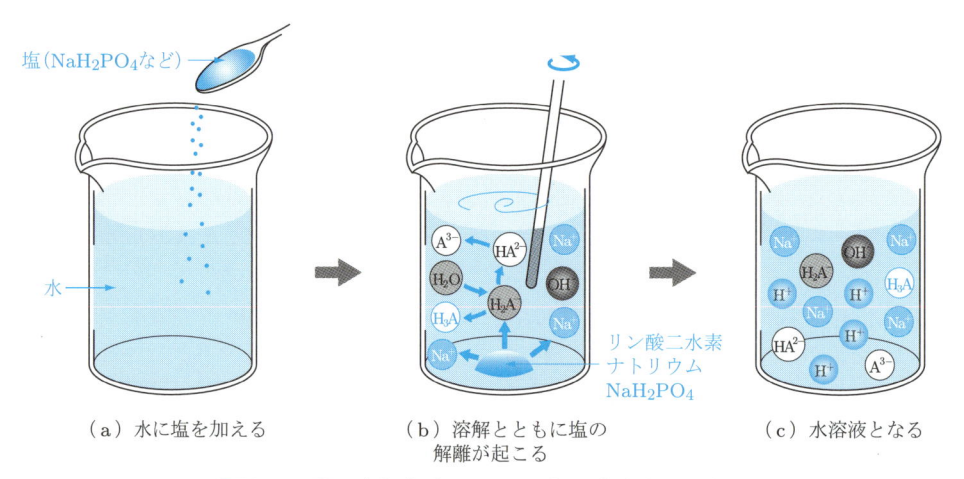

●図 2.16● 多塩基酸 NaH_2A の塩の水溶液の概念図

(a) 水に塩を加える　(b) 溶解とともに塩の解離が起こる　(c) 水溶液となる

[*19] 実際には塩の濃度が大きくなると活量が変化するので,平衡定数の値が変化し,したがって水素イオン濃度が変化する.

この水溶液は，数段ある多塩基酸の中和過程の中間段階であることにも注意する．3塩基酸の塩 NaH_2A を水に溶かすと，図2.16と同じく，まず

$$NaH_2A \longrightarrow Na^+ + H_2A^- \qquad (2.110)$$

の反応によって塩は全解離する．生じた陰イオン種は，次の2種類の反応を起こす．

一つは，塩の加水分解反応により H_3A を生じる反応である．すなわち，

$$H_2A^- + H_2O \underset{}{\overset{K_b}{\rightleftharpoons}} H_3A + OH^- \qquad (2.111)$$

である．この反応は3塩基酸 H_3A が1段目の解離をして H_2A^- を生じる反応の逆反応で，塩の解離で生じた H_2A^- がプロトンを受けとるプロトン化反応であることに注意する．また，水に溶解した H_2A^- がさらに解離する反応も考えなければならない．すなわち，

$$H_2A^- \underset{}{\overset{K_{a2}}{\rightleftharpoons}} H^+ + HA^{2-} \qquad (2.112)$$

さらに

$$HA^{2-} \underset{}{\overset{K_{a3}}{\rightleftharpoons}} H^+ + A^{3-} \qquad (2.113)$$

と反応は進行する．これらの反応は式(2.111)と異なり，プロトンを放出する反応である．これらにかかわる平衡定数は，

$$K_b = \frac{K_w}{K_{a1}} = \frac{[H_3A][OH^-]}{[H_2A^-]} \qquad (2.114)$$

$$K_{a2} = \frac{[H^+][HA^{2-}]}{[H_2A^-]} \qquad (2.115)$$

$$K_{a3} = \frac{[H^+][A^{3-}]}{[HA^{2-}]} \qquad (2.116)$$

である．式(2.114)～(2.116)のうち，通常は $K_{a2} \gg K_{a3}$ であるので式(2.116)は式(2.115)に比べて無視できる．式(2.114)，(2.115)と，質量均衡および電荷均衡を考慮して解くと

$$[H^+] = (K_{a1}K_{a2})^{\frac{1}{2}} \qquad (2.117)$$

となる．すなわち，ほとんどの場合，多塩基弱酸の塩の水溶液の $[H^+]$ は塩の濃度に依存しない．

Step up 式(2.117)の導出

塩の濃度を c_s とし，3段目の解離を無視すると，質量均衡は，

$$c_s = [H_3A] + [H_2A^-] + [HA^{2-}] = [Na^+] \qquad (2.118)$$

であり，電荷均衡は

$$[H^+] + [Na^+] = [H_2A^-] + 2[HA^{2-}] + [OH^-] \qquad (2.119)$$

となる．これらの式に水のイオン積を考慮して解くとすると，最終的には四次式になるが，途中，式(2.118)と式(2.119)より

$$[H^+] + [H_3A] = [HA^{2-}] + [OH^-]$$

が得られる[20]．これに平衡定数の式を代入し，整理すると，次の式が得られる．

$$[H^+]^2 = \frac{K_{a1}K_{a2}[H_2A^-] + K_{a1}K_w}{[H_2A^-] + K_{a1}} \qquad (2.120)$$

式(2.120)で，$[H_2A^-] \sim c_s$，(すなわち $[H_2A^-] \gg [H_3A] + [HA^{2-}]$)，かつ $c_s \gg K_{a1}$，$c_s \gg K_w/K_{a2}$ が成り立つなら，分子分母の第2項は無視でき

$$[H^+] = (K_{a1}K_{a2})^{\frac{1}{2}} \qquad (2.117)$$

となる．

例題 2.14

濃度 $0.100 \text{ mol dm}^{-3}$ のリン酸二水素ナトリウム NaH_2PO_4 を含む水溶液とリン酸一水素ナトリウム Na_2HPO_4 を含む水溶液の水素イオン濃度を求めよ．

解答 リン酸二水素ナトリウムは水に溶解し

$$NaH_2PO_4 \longrightarrow Na^+ + H_2PO_4^-$$

のように加水分解する．分解の結果生じたリン酸二水素イオン $H_2PO_4^-$ は，水溶液中でプロトンを放出する

---

[20] この式をプロトン均衡という．

酸解離平衡

$$\mathrm{H_2PO_4^-} \xrightleftharpoons{K_{a2}} \mathrm{H^+ + HPO_4^{2-}}$$

と，プロトンを受けとるプロトン化平衡

$$\mathrm{H_2PO_4^- + H^+} \xrightleftharpoons{K_b} \mathrm{H_3PO_4}$$

を起こす．それぞれに関与する平衡定数は，酸解離平衡についてはリン酸の2段目の解離，すなわち，リン酸二水素イオンの解離平衡定数K_{a2}であり，プロトン化では1段目の解離平衡定数である．そのため，リン酸二水素ナトリウムの水溶液の水素イオン濃度は，式(2.117)において

$$[\mathrm{H^+}] = (K_{a1} K_{a2})^{\frac{1}{2}}$$

となる．平衡定数の値を代入すると

$$[\mathrm{H^+}] = (K_{a1} K_{a2})^{\frac{1}{2}} = (10^{-2.15} \times 10^{-7.20})^{\frac{1}{2}} = 10^{-4.68} = 2.11 \times 10^{-5}\,\mathrm{mol\,dm^{-3}}$$

となる．pHは4.68である．

また，リン酸一水素ナトリウムでは，水に溶解して生じるリン酸化学種は$\mathrm{HPO_4^{2-}}$であるから，酸解離とプロトン化は

$$\mathrm{HPO_4^{2-} \rightleftharpoons H^+ + PO_4^{3-}} : 酸解離$$
$$\mathrm{HPO_4^{2-} + H^+ \rightleftharpoons H_2PO_4^-} : プロトン化$$

であるので，計算に必要な酸解離定数はK_{a3}とK_{a2}である．したがって，式(2.117)はこの場合，

$$[\mathrm{H^+}] = (K_{a2} K_{a3})^{\frac{1}{2}}$$

となるので，求める水素イオン濃度は

$$[\mathrm{H^+}] = (10^{-7.20} \times 10^{-12.35})^{\frac{1}{2}} = 10^{-9.78} = 1.68 \times 10^{-10}\,\mathrm{mol\,dm^{-3}}$$

となり，pHは9.78となる．

(b) 2種類の多塩基酸の塩を含む水溶液

多塩基弱酸の塩の混合溶液，たとえば，$\mathrm{NaH_2A}$と$\mathrm{Na_2HA}$を含む水溶液は，弱酸とその塩を含む水溶液と同じ扱いができる．概念図を図2.17に示す．この水溶液では，$\mathrm{H_2A^-}$，$\mathrm{H^+}$，$\mathrm{HA^{2-}}$，$\mathrm{OH^-}$の間での平衡を考えればよい．

たとえば，Aにはリン酸イオン$\mathrm{PO_4^{3-}}$が該当する．すなわち，

$$\mathrm{NaH_2A \longrightarrow Na + H_2A^-} \tag{2.121}$$

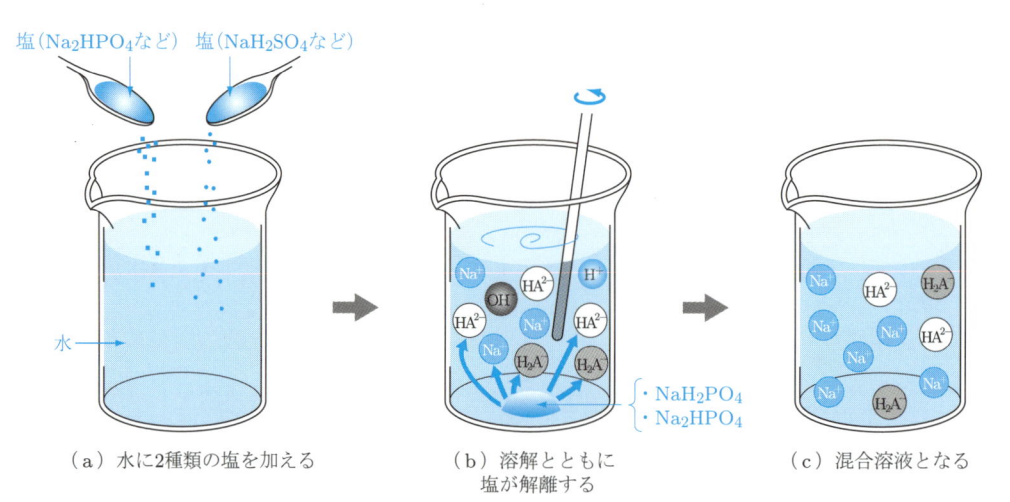

●図2.17● 2種類の多塩基酸の塩を含む水溶液の概念図

(a) 水に2種類の塩を加える　(b) 溶解とともに塩が解離する　(c) 混合溶液となる

$$Na_2HA \longrightarrow 2Na + HA^{2-} \quad (2.122)$$

と解離するので，水溶液には同時に H_2A^- と HA^{2-} を含むことになる．よって，

$$H_2A^- \xrightleftharpoons{K_{a2}} H^+ + HA^{2-}$$

の平衡が成立するので，NaH_2A と Na_2HA の濃度を c_{H_2A} と c_{HA} と書くと，

$$K_{a2} = \frac{[H^+]\, c_{HA}}{c_{H_2A}} \quad (2.123)$$

が成立する．式(2.123)は式(2.80)と類似であることから，多塩基弱酸の塩の混合溶液は緩衝溶液となることが理解される．式(2.123)は，人体における体液のpHを一定に保つはたらきの基礎となっている．

例題 2.15 0.100 mol のリン酸二水素ナトリウム NaH_2PO_4 と 0.050 mol のリン酸一水素ナトリウム Na_2HPO_4 の混合物に水を加えて 1.00 dm³ とした水溶液の水素イオン濃度を求めよ．

解答 リン酸二水素ナトリウムが加水分解して生じるリン酸二水素イオン $H_2PO_4^-$ とリン酸二水素ナトリウムから生じるリン酸水素イオン HPO_4^{2-} が平衡状態で存在するので，成立する化学平衡は，次のようになる．

$$H_2PO_4^- \rightleftharpoons H^+ + HPO_4^{2-}$$

よって，平衡定数は 2 段目の解離を考えればよい．したがって，式(2.123)から求める水素イオン濃度は

$$[H^+] = K_{a2} \frac{c_{H_2PO_4^-}}{c_{HPO_4^{2-}}} = 6.31 \times 10^{-8} \times \frac{0.100}{0.050} = 1.26 \times 10^{-7} \text{ mol dm}^{-3}$$

である．ちなみに 0.100 mol の Na_2HPO_4 と 0.050 mol の Na_3PO_4 の場合は

$$[H^+] = K_{a3} \frac{c_{H_2PO_4^-}}{c_{HPO_4^{2-}}} = 4.46 \times 10^{-13} \times \frac{0.100}{0.050} = 8.92 \times 10^{-12} \text{ mol dm}^{-3}$$

となる．

2.8 中和滴定と酸-塩基指示薬

2.8.1 中和滴定

中和滴定は，図 2.18 に示す装置により，酸（あるいは塩基）の水溶液に，ビュレットから少量ずつ塩基（あるいは酸）の水溶液を加えていき，塩基（または酸）の滴下によって変化する水素イオン濃度を測定するものである．中和点では pH が大きく変化するので，中和滴定により酸（あるいは塩基）の濃度を知ることができる．

2.8.2 強酸-強塩基の滴定曲線

酸溶液に加えた塩基の体積と溶液の pH の関係をプロットした曲線を滴定曲線という．強酸を強塩基で滴定しプロットした例を図 2.19 に示す．

図 2.19 から，次のようなことがわかる．滴定曲線は，はじめ滑らかに変化し，pH はゆっくり上昇するが，A 点で pH が急激に上昇し，B 点に

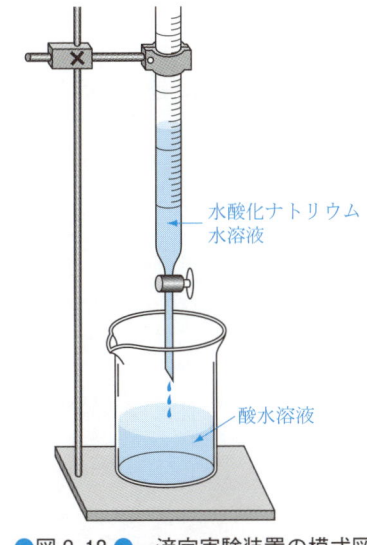

●図 2.18● 滴定実験装置の模式図

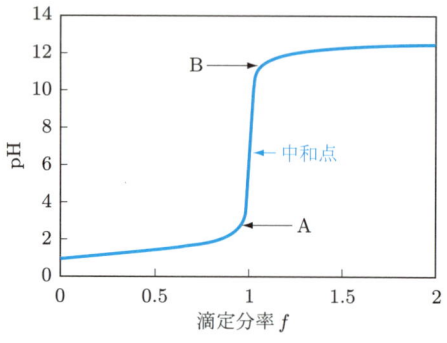

●図 2.19● 強酸の強塩基による滴定曲線

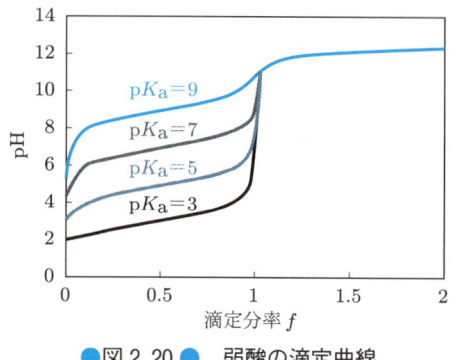

●図 2.20● 弱酸の滴定曲線

至る．B 点を過ぎると，再び pH がゆっくりと上昇する．中和点は A と B の中間にあり，中和点で pH が最も大きく変化する．中和点で試料溶液中の酸の物質量と加えられた塩基の物質量がちょうど等しくなる．

2.8.3 弱酸-強塩基の滴定曲線

弱酸を強塩基で滴定した例を図 2.20 に示す．弱酸の滴定曲線は，濃度が同じ強酸の滴定曲線と比較すると水溶液の pH が高い．また，$pK_a=9$ の場合のように，弱酸の酸解離定数 K_a が小さいと中和点が不明確になることもわかる．

中和滴定における pH 変化の予測には，これまでに学んだ水素イオン濃度の計算が役立つ．これまでの計算では，厳密な解とともに近似式も求めてきた．厳密な解は，極端な条件のもとで成り立っている．滴定曲線では，中和点近傍の領域では厳密な解が必要であるが，滴定曲線を概観するには近似解でよい．各条件の近似解を表 2.4 にまとめた．

表 2.4 は，酸の初濃度が c_a で試料体積を V_a とし，塩基で滴定するものとして計算している．加えられる塩基の体積は V_b である．中和点の体積を V_{eq} で表した．

f は滴定分率である．$f=0$ は滴定前の水溶液を表し，$0<f<1$ は中和点前の水溶液を，$f=1$ で中和点となり，$f>1$ では酸濃度に対して塩基が過剰であることを示している．

(a) $f=0$ の場合

さて，$f=0$ では単純な酸の水溶液であり，強酸では式 (2.22)，弱酸では式 (2.45) によって水素イオン濃度が表される．

(b) $0<f<1$ の場合

$0<f<1$ の領域は部分的に中和された水溶液であるが，強酸の中和の場合は，そのまま強酸溶液の水素イオン濃度を表す式となる．ただし，表 2.4 の右辺の体積を含む項は，中和操作により体積が増加し，希釈された分を表している．

■表 2.4 ■ 滴定曲線の一般式

滴定分率	強酸-強塩基滴定	弱酸-強塩基滴定
0	$[H^+]=c_a$	$[H^+]=\sqrt{K_a c_a}$
$0<f<1$	$[H^+]=c_a(1-f)\dfrac{V_a}{V_a+V_b}$	$[H^+]=K_a\dfrac{1-f}{f}$
$f=1$	$[H^+]=[OH^-]=\sqrt{K_w}$	$[OH^-]=\sqrt{\dfrac{K_w}{K_a}c_a\dfrac{V_a}{V_a+V_{eq}}}$
$f>1$	$[OH^-]=c_b\dfrac{V_b-V_{eq}}{V_a+V_b}$	$[OH^-]=c_b\dfrac{V_b-V_{eq}}{V_a+V_b}$

f：滴定分率，c_a, c_b：酸と塩基の初濃度，V_a：酸試料の体積，V_b：塩基の滴定体積，V_{eq}：中和点での塩基の体積

一方，弱酸の水溶液の中和において，$0<f<1$ の領域は部分的に中和された領域であるので，弱酸と弱酸の塩の混合溶液と同等である．したがって，水素イオン濃度は 2.6 節の扱いが応用できる．すなわち，式(2.79)における c_b と c_a の比が $(1-f)/f$ に置き換えられている．弱酸と弱酸の塩からなる溶液の水素イオン濃度は，濃度比が問題であり，濃度それ自身は考慮しなくてよいことをすでに学んだ．また，$f=0.5$ では

$$K_a = [\mathrm{H^+}] \tag{2.124}$$

であることに注意する．

(c) $f=1$ の場合

中和点（$f=1$）では，強酸の滴定では塩の水溶液となるので溶液は中性だが，弱酸の水溶液の滴定では，中和点は弱酸の塩の水溶液と同等となる．したがって，濃度の変換は必要であるが，式(2.72)が成立する．中和点近傍では近似解は成立しないので，必要であれば厳密な解の式を用いて計算する．中和点以降は，いずれも過剰に存在する強塩基の水溶液となる．

炭酸 $\mathrm{H_2CO_3}$ のような 2 塩基酸では，1 段目の中和点は炭酸が中和されて炭酸水素イオン $\mathrm{HCO_3^-}$ となる．ついで炭酸水素イオンが中和され炭酸イオン $\mathrm{CO_3^{2-}}$ になるので中和点は 2 箇所現れる．リン酸のような 3 塩基酸では，中和点は 3 箇所になる．中間の中和点の pH は，式(2.117)で計算できる．途中の段階は式(2.123)，最後の中和点は多酸塩基の水素イオン濃度であるから，式(2.109)を使えば計算できる．

2.8.4 酸–塩基指示薬

フェノールフタレイン（phenolphthalein）$\mathrm{C_{20}H_{14}O_4}$ などの有機色素の中には，酸性水溶液中と塩基性水溶液中で色調が異なるものがある．このような性質をもつ色素は，弱酸もしくは弱塩基であり，それらの共役酸塩基対の一方もしくは両方が発色する．色素が弱酸であれば，図 2.7 に酢酸を例として示したように，pK_a より低い pH の酸性溶液では非解離型化学種が，塩基性溶液では解離型化学種が優勢となる．色素を HIn[*21] と書くと

$$\mathrm{HIn} \rightleftharpoons \mathrm{H^+} + \mathrm{In^-} \tag{2.125}$$

となる平衡が成立する．酸性側では平衡式が左にずれるため HIn が存在し，塩基性側では $\mathrm{In^-}$ が多く存在する．HIn と色素陰イオン $\mathrm{In^-}$ の一方もしくは両方が異なる色で発色する（表 2.5 参照）．

フェノールフタレイン（図 2.21）も，水溶液中で式(2.125)のような平衡にある．図 2.21 の左辺は酸型であり，水溶液が塩基性になると，平衡が右にずれ，塩基型が優勢となる．酸型と塩基型の濃度の比は式(2.126)で表される．フェノールフタレインは，酸型と塩基型の変化にともなって，2 個の水素イオン $\mathrm{H^+}$ の授受がある．酸型は無色であり，塩基型は赤であるので，フェノールフタレインを加えた水溶液は塩基性になると赤色にな

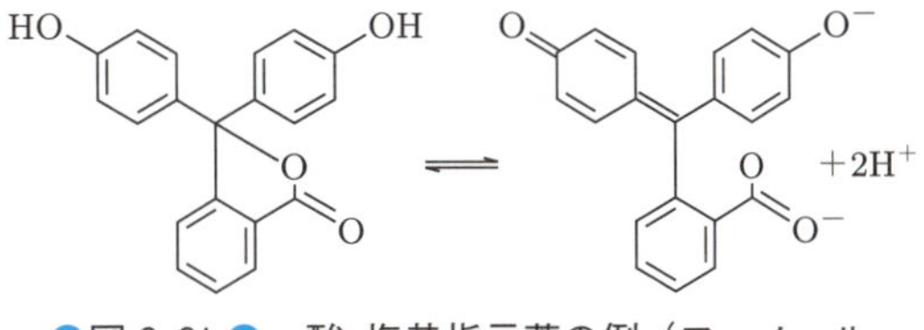

● 図 2.21 ● 酸–塩基指示薬の例（フェノールフタレイン $\mathrm{C_{20}H_{14}O_4}$）

■ 表 2.5 ■ 代表的な酸–塩基指示薬

指示薬名	酸性色	塩基性色	変色域(pH)
チモールブルー $\mathrm{C_{27}H_{30}O_5S}$	赤	黄	1.2〜 2.8
メチルオレンジ $\mathrm{C_{14}H_{14}N_3NaO_3S}$	赤	橙	3.1〜 4.4
メチルレッド $\mathrm{C_{15}H_{15}N_3O_2}$	赤	黄	4.2〜 6.3
フェノールレッド $\mathrm{C_{19}H_{14}O_5S}$	黄	赤	6.8〜 8.4
フェノールフタレイン $\mathrm{C_{20}H_{14}O_4}$	無色	赤	8.3〜10.0

[*21] In：指示薬（indicator）の略．

$$\log\left(\frac{\text{In}^-}{\text{HIn}}\right) = \text{pH} - \text{p}K_a \tag{2.126}$$

前項の中和滴定においては,滴定の終点でpHが大きく変化するので,このpH変化にともなって色が変化する試薬を加えておけば,終点が明瞭にわかることになる.

中和滴定の検出や簡便なpHの測定に用いられる試薬を酸-塩基指示薬というが,基本的な内容はフェノールフタレインと同等である.

酸-塩基指示薬として用いられている代表的な化合物を表2.5に示す.

それぞれの酸-塩基指示薬によってpK_aが異なるので,変色域も異なる.したがって,中和滴定を行うにあたっては,中和点におけるpH変化を予測し,適切な指示薬を選ぶことが重要である.

Coffee Break

花の色とpH

アサガオやムラサキキャベツなどの植物の色は,アントシアニン(anthocyanin)という物質によって発色している.アントシアニンの基本構造は図2.23に示すアントシアニジンに糖が結合した配糖体である(糖は3位あるいは5位に結合している).アントシアニジンのR_1からR_7で示した位置に-OH基や-OCH$_3$基が結合するが,主に結合した-OH基の数によりアントシアニンの色が変化し,紫色から橙色まで変化する.

pHが変化すると,1位のO$^+$や4'位に結合した-OHが解離し,色調が変化する.アサガオが早朝の青色から午後の赤っぽい色に変化するのは,アントシアニンを含んでいる細胞液のpHが酸性側に移動するためだと考えられている.

花のほかにベニイモの色素もアントシアニンであり,pHにより赤(酸性側)から黄緑(塩基側)まで変化することが知られている.身近な花や野菜でpHによる色調の変化を調べてみるとおもしろい.

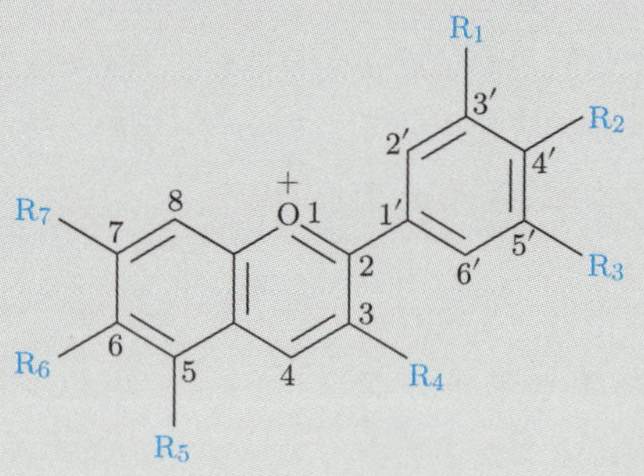

●図2.23● アントシアニンの基本構造(アントシアニジン)

演・習・問・題・2

2.1 次のpH値をもつ水溶液中におけるpOH,水酸化物イオン濃度[OH$^-$]および水素イオン濃度[H$^+$]を計算せよ.
 (1) pH 8.80
 (2) pH 1.10
 (3) pH 5.60

2.2 次の水素イオン濃度の水溶液のpH,pOHおよび水酸化物イオン濃度を計算せよ
 (1) 6.0×10^{-7} mol dm^{-3}
 (2) 9.0×10^{-3} mol dm^{-3}
 (3) 3.0×10^{-10} mol dm^{-3}
 (4) 2.0×10^{-6} mol dm^{-3}

2.3 次の問に答えよ.
 (1) 水酸化ナトリウムNaOH 4.00 gを250 cm^{3}の水に溶解して調製した水溶液の水酸化物イオン濃度を求めよ.
 (2) (1)の水溶液を1000倍に希釈する操作を2度繰り返して100万倍に希釈した水溶液を調製した.最後に得られた水溶液の水酸化物イオン濃度を求めよ
 (3) (1)の水溶液 100.0 cm^{3}に,濃度 0.100 mol dm^{-3}の塩化水素水溶液(塩酸)300 cm^{3}を加えた.水酸化物イオンの濃度を求めよ.

2.4 濃度 1.00×10^{-2} mol dm^{-3}に調製した3種類

の一塩基酸の pH を測定したところ，それぞれ，(1) 3.20, (2) 4.70, (3) 5.60 であった．これらの酸の酸解離定数 K_a を求めよ．

2.5 濃度 $1.0\times10^{-2}\,\mathrm{mol\,dm^{-3}}$ の酢酸水溶液の水素イオン濃度を pH 計で測定したところ，pH 3.38 であった．酢酸の酸解離定数 K_a を求めよ．

2.6 フッ化水素 HF の水溶液がある．これについて，以下の問に答えよ．
(1) フッ化水素酸の全濃度を c_{HF} としてフッ化水素酸の物質収支の式を書け．
(2) 電荷均衡の式を書け．
(3) $c_{HF}=0.0100\,\mathrm{mol\,dm^{-3}}$ のときの水素イオン濃度を求めよ．
(4) 解離度を求めよ．

2.7 pH が 2.00, 5.00, 9.00 の水溶液における安息香酸 C_6H_5COOH と安息香酸イオン $C_6H_5COO^-$ の濃度比（$[C_6H_5COO^-]/[C_6H_5COOH]$）を求めよ．

2.8 次の溶液の水素イオン濃度を求めよ．
(1) 濃度 $5.0\times10^{-4}\,\mathrm{mol\,dm^{-3}}$ のフェノール溶液
(2) 濃度 $0.010\,\mathrm{mol\,dm^{-3}}$ のシアン化水素水溶液（シアン化水素酸）
(3) 濃度 $0.010\,\mathrm{mol\,dm^{-3}}$ のアンモニア水溶液
(4) 濃度 $1.00\times10^{-4}\,\mathrm{mol\,dm^{-3}}$ のトリメチルアミン水溶液
(5) 濃度 $0.200\,\mathrm{mol\,dm^{-3}}$ の酢酸ナトリウム水溶液
(6) 濃度 $0.010\,\mathrm{mol\,dm^{-3}}$ のフェノール，および $0.040\,\mathrm{mol\,dm^{-3}}$ のナトリウムフェノラート C_6H_5ONa の混合溶液
(7) 濃度 $0.20\,\mathrm{mol\,dm^{-3}}$ のリン酸溶液 $100\,\mathrm{cm^3}$ に $0.03\,\mathrm{mol}$ の水酸化ナトリウムを添加して作ったリン酸緩衝溶液

2.9 pH 5.50 における硫化水素 H_2S，硫化水素イオン HS^-，硫化物イオン S^{2-} の存在割合を求めよ．

2.10 1 atm の硫化水素と平衡にある水溶液の硫化水素濃度は $0.10\,\mathrm{mol\,dm^{-3}}$ とみなすことができる．1 atm の H_2S と平衡にある水溶液の水素イオン濃度を求めよ．

2.11 次の pH の緩衝溶液を作るときの弱酸と塩の濃度比を求めよ．
(1) pH 5.00 の酢酸緩衝液
(2) pH 7.00 のリン酸緩衝液
(3) pH 10.00 の炭酸緩衝液

2.12 pH 4.5 の緩衝溶液を調製するには，濃度 $0.010\,\mathrm{mol\,dm^{-3}}$ の安息香酸の溶液 $0.25\,\mathrm{dm^3}$ に何 g の安息香酸ナトリウム C_6H_5COONa を加えなければならないか．

2.13 酢酸イオン CH_3COO^- を含む水溶液について次の問に答えよ．
(1) 酢酸を $0.100\,\mathrm{mol}$ とり，水に加えて $0.500\,\mathrm{dm^3}$ とした水溶液の水素イオン濃度を求めよ．
(2) 濃度 $0.050\,\mathrm{mol\,dm^{-3}}$ の酢酸ナトリウム水溶液の水素イオン濃度を求めよ．
(3) 濃度 $0.0200\,\mathrm{mol\,dm^{-3}}$ の酢酸水溶液 $20.0\,\mathrm{cm^3}$ に，濃度 $0.0100\,\mathrm{mol\,dm^{-3}}$ の水酸化ナトリウム水溶液 $5.00\,\mathrm{cm^3}$ を加えたときの水素イオン濃度を求めよ．
(4) 酢酸 CH_3COOH と酢酸ナトリウム CH_3COONa を用いて pH 5.20 の緩衝溶液を作りたい．酢酸と酢酸ナトリウムの濃度比 $\dfrac{[CH_3COO^-]}{[CH_3COOH]}$ を求めよ．
(5) 濃度 $0.1\,\mathrm{mol\,dm^{-3}}$ の酢酸水溶液と濃度 $0.1\,\mathrm{mol\,dm^{-3}}$ の酢酸ナトリウム水溶液で pH 5.20 の緩衝液を $100\,\mathrm{cm^3}$ 調製したい．それぞれの水溶液の体積をいくらにすればよいか．

第3章
沈殿平衡と分別沈殿

沈殿現象は，物質の精製と分離にかかわる技術であり，化学の分野において広く用いられている．分析化学においては，とくに金属元素の系統的定性分析において重要である．また，水溶液中に含まれる元素の定量分析にも使われている．本章では，沈殿平衡を記述するのに必要な溶解度積について学び，あわせて分別沈殿と元素の分属について学ぶ．

KEY WORD

| 沈殿平衡 | 溶解度積 | 共通イオン効果 | 分別沈殿 | 金属イオンの分属 |
| 沈殿滴定 | 滴定指示薬 |

3.1 沈殿平衡と溶解度積

3.1.1 沈殿過程

対象となる元素を含む溶液に，その元素と沈殿（precipitation）を形成する試薬（沈殿試薬）を少しずつ加え続けたとき，どのようなことが起こっているのだろうか．試薬を加え沈殿が生じるまでに，図3.1に示す次の①から⑤までの過程があると考えられる．

① 沈殿試薬がごく少量加えられた初期の過程では，沈殿は生成しないが，沈殿の元となる核が生成する．
② 次第に核が成長する．
③ 溶液は沈殿物質の溶解度を超えるが，そのままでは沈殿するとは限らない．この状態を過飽和という．
④ 過飽和となった溶液に何らかの刺激を加えると，核を中心に大きな粒子が成長し，一気に沈殿を形成する．
⑤ 沈殿は，沈殿物質に許される最大濃度の溶液（飽和溶液）と平衡となる．平衡状態では，対象となる元素は沈殿粒子と溶液の間で溶解と凝集を繰り返している．すなわち，沈殿平衡にある．

沈殿過程は試薬の精製（purification）や混合物からの目的物質の分離（separation）などに用いられる．

沈殿過程は，見た目には単純な現象だが，細かく検討すると結構複雑である．本節では，上記の過程のうち，最終過程で成立している平衡について考える．

① 核の生成　② 核の成長

③ 過飽和　④ 沈殿の生成

⑤ 沈殿平衡

● 図3.1 ● 沈殿生成の概念図

3.1.2 沈殿平衡と溶解度積

沈殿平衡とは，難溶性物質の沈殿と溶液の間に成り立っている平衡である．沈殿平衡を，塩化銀 AgCl を例として模式的に書くと図3.2のようになる．

陽イオンである銀イオン Ag^+ と陰イオンである塩化物イオン Cl^- が反応して，難溶性の化合物である AgCl を生成する．化合物 AgCl は，大部分は沈殿として存在するが，ごく少量は水溶液中に AgCl という化学種として存在する．水溶液中の化学種 AgCl は，水溶液中の陽イオン Ag^+ と陰イオン Cl^- と平衡状態にある．すなわち，水溶液中の平衡は，

$$AgCl(p) \rightleftharpoons AgCl(soln)$$
$$\rightleftharpoons Ag^+(soln) + Cl^-(soln) \quad (3.1)$$

となる．ここで，p[*1] は沈殿を，soln[*2] は水溶液を表す．水溶液中の反応の平衡定数 K は，

$$K(soln) = \frac{[Ag^+(soln)][Cl^-(soln)]}{[AgCl(soln)]} \quad (3.2)$$

と書けるが，分母の [AgCl(soln)] は沈殿と平衡にあるので，

$$K(p) = \frac{[AgCl(soln)]}{[AgCl(p)]} \quad (3.3)$$

となる．よって，全体の平衡定数は

$$K(total) = K(soln) \times K(p)$$
$$= \frac{[Ag^+(soln)][Cl^-(soln)]}{[AgCl(p)]} \quad (3.4)$$

となる．ここで，[AgCl(p)] は量に関係なく一定であるので，平衡式から除外される．すなわち，特別な値である K_{sp} が，次のように定義される．

$$K_{sp} = [Ag^+(soln)][Cl^-(soln)] \quad (3.5)$$

この K_{sp} を **溶解度積**（solubility product）という．

溶解度積は，沈殿平衡を扱うときに最も基本となる値で，とくに重要な考え方である．溶解度積は温度，圧力が一定であれば一定である．今後は簡略化のために，式(3.5)の右辺から soln の文字を省くことにする．すなわち，

$$K_{sp} = [Ag^+][Cl^-] \quad (3.5)'$$

である．溶解度積には分母がないことに注意する．
一般に難溶性電解質 M_mN_n が，沈殿平衡にあ

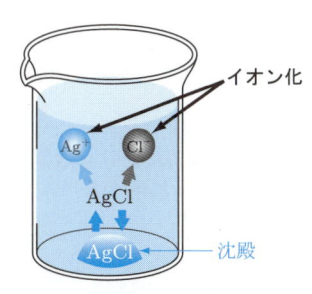

● 図3.2 ● 沈殿平衡の模式図（塩化銀）

[*1] p: precipitate（沈殿物）の頭文字
[*2] soln: solution（溶液）の略

るとき，すなわち

$$M_m N_n(p) \rightleftharpoons mM^{n+} + nN^{m-} \tag{3.6}$$

であるとき，溶解度積は

$$K_{sp} = [M^{n+}]^m [N^{m-}]^n \tag{3.7}$$

である．溶解度積の値は，難溶性の塩についてすでに測定されている．付表3に一部を掲載した．

例題 3.1　塩化銀 AgCl を純水 $1.00\,dm^3$ に加えると，塩化銀は何 g 溶解するか．

解答　沈殿を扱うにあたっては，式(3.8)の沈殿平衡と式(3.9)の溶解度積をまず考えなければならない．

塩化銀の沈殿平衡：$AgCl(p) \rightleftharpoons Ag^+ + Cl^-$ (3.8)

塩化銀の溶解度積：$K_{sp} = [Ag^+][Cl^-] = 1.78 \times 10^{-10}$ (3.9)

である．また，電荷均衡は

$$[Ag^+] = [Cl^-] \tag{3.10}$$

である．例題 3.1 の条件では，水の解離はこれらの反応にはかかわってこない．よって，例題を解くのに必要な式は，式(3.9)と式(3.10)で十分である．式(3.9)と式(3.10)から，

$$[Ag^+] = [Cl^-] = 1.33 \times 10^{-5}\,mol\,dm^{-3} \tag{3.11}$$

となる．したがって，$1.91 \times 10^{-3}\,g\,(= 1.33 \times 10^{-5} \times 143.32)$ の塩化銀が溶解することになる．

例題 3.2　クロム酸銀 Ag_2CrO_4 を純水 $1.00\,dm^3$ に加えると，クロム酸銀は何 g 溶解するか．

解答　この場合の溶解平衡は，

$$Ag_2CrO_4(p) \rightleftharpoons 2Ag^+ + CrO_4^{2-} \tag{3.12}$$

であるので，溶解度積は，

$$K_{sp} = [Ag^+]^2 [CrO_4^{2-}] = 4.1 \times 10^{-12} \tag{3.13}$$

である．また，電荷均衡は，

$$[Ag^+] = 2[CrO_4^{2-}] \tag{3.14}$$

である．式(3.13)と式(3.14)から，クロム酸イオン CrO_4^{2-} の濃度は，

$$[CrO_4^{2-}] = \left(\frac{4.1 \times 10^{-12}}{4}\right)^{\frac{1}{3}} = 1.01 \times 10^{-4}\,mol\,dm^{-3} \tag{3.15}$$

であり，

$$[Ag^+] = 2.02 \times 10^{-4}\,mol\,dm^{-3} \tag{3.16}$$

となる．溶解度を『水溶液 $1.00\,dm^3$ に溶解している固体の物質量』と定義すると，クロム酸銀の溶解度は $1.01 \times 10^{-4}\,mol\,dm^{-3}$ である．よって，クロム酸銀は $1.00\,dm^3$ の水に $3.35 \times 10^{-2}\,g$ 溶解する．

例題 3.1, 3.2 において，溶解度積の表現に違いがあることに注意する．塩化銀では，式(3.8)の平衡が成立するので溶解度積が $K_{sp} = [Ag^+][Cl^-]$ になるが，クロム酸銀 Ag_2CrO_4 では，溶解平衡が式(3.12)であるので，溶解度積は $K_{sp} = [Ag^+]^2[CrO_4^{2-}]$ となる．

また，例題 3.1 では $1.00\,dm^3$ の水に $1.91 \times 10^{-3}\,g$ 以上の塩化銀をいくら加えても，水溶液中

の塩化銀の濃度は一定である．同様に，例題 3.2 では 33.5 mg 以上であれば，クロム酸銀を何 g 加えようが濃度は変わらない．

例題 3.3 過剰の塩化銀 AgCl を濃度 0.100 mol dm^{-3} の塩化ナトリウム水溶液 1.00 dm^3 に加えた．水溶液中に存在できる銀イオン Ag$^+$ の濃度はいくらか．

解答 例題 3.1 で取り上げたように，

塩化銀の溶解平衡：$AgCl(p) \rightleftharpoons Ag^+ + Cl^-$ (3.8)

塩化銀の溶解度積：$K_{sp} = [Ag^+][Cl^-] = 1.78 \times 10^{-10}$ (3.9)

である．一方，電荷均衡は，

$$[Ag^+] + [Na^+] = [Cl^-] \tag{3.17}$$

であり，

$$[Na^+] = 0.100 \text{ mol dm}^{-3} \tag{3.18}$$

である．すると，

$$[Ag^+] = \frac{K_{sp}}{[Cl^-]} = \frac{K_{sp}}{([Ag^+] + 0.100)}$$

となり，

$$[Ag^+]^2 + 0.100[Ag^+] - K_{sp} = 0$$

であるから，

$$[Ag^+] = \frac{-0.100 + \sqrt{0.100^2 + 4K_{sp}}}{2} = 1.78 \times 10^{-9} \text{ mol dm}^{-3} \tag{3.19}$$

となる．

例題 3.1 では，銀イオンの濃度 [Ag$^+$] は 1.33×10^{-5} mol dm^{-3} であったので，約 1 万分の 1 にまで減少したことになる．これは，例題 3.3 では塩化ナトリウムが含まれており，これが解離して塩化物イオンが溶液中に存在するためである．このように，沈殿する固体に含まれるイオンと共通するイオン（この場合，塩化物イオン）が水溶液中に存在する場合には，沈殿する固体に含まれる対イオン（ここでは銀イオン）の水溶液中での濃度が減少する．この効果を**共通イオン効果**という．共通イオン効果は，目的とするイオンを効果的に沈殿させるのに役立つ．

例題 3.4 濃度 1.00×10^{-4} mol dm^{-3} のバリウムイオン Ba^{2+} を含む水溶液からバリウムイオンが沈殿するには，硫酸の濃度がいくらになればよいか．

解答 ここで考えなければならない沈殿は，硫酸バリウム BaSO$_4$ である．硫酸バリウムの溶解度積は 1.1×10^{-10} である．すなわち，

$$[Ba^{2+}][SO_4^{2-}] = 1.1 \times 10^{-10} \tag{3.20}$$

であり，かつ，

$$[Ba^{2+}] = 1.0 \times 10^{-4} \text{ mol dm}^{-3} \tag{3.21}$$

であるから，バリウムイオンが沈殿するには，硫酸イオンの濃度 [SO$_4^{2-}$] は，

$$[SO_4^{2-}] = \frac{1.1 \times 10^{-10}}{1.0 \times 10^{-4}} = 1.1 \times 10^{-6} \text{ mol dm}^{-3} \tag{3.22}$$

である．すなわち，硫酸イオン濃度が 1.1×10^{-6} mol dm^{-3} を超えると硫酸バリウムが沈殿し始める．

3.2 分別沈殿

分別沈殿とは，2種類以上の金属イオンが混合した水溶液から目的元素だけを沈殿させる方法である．元素の定性分析としても重要で，金属イオンの分属法の基礎をなしている．分別沈殿の例として，カルシウムイオン Ca^{2+} とバリウムイオン Ba^{2+} の分離について，図 3.3 を参考に考えてみる．

はじめに図 3.3 (a) に示すように，カルシウムイオンとバリウムイオンの2種類の金属イオンが混合した水溶液があるとする．必要な用途があるので，この水溶液から，2種類の陽イオンのうちバリウムイオンだけを分離したいとする．分離にあたっては，できるだけ多くの純粋なバリウムイオンを取り出すことを考える．そのため，図 3.3 に示すように，バリウムイオンと沈殿を形成しやすい硫酸イオン SO_4^{2-} を加える．この操作によって，同図 (b) のように硫酸バリウム $BaSO_4$ のみを沈殿させる．硫酸イオンを加えすぎると，同図 (c) のように硫酸カルシウム $CaSO_4$ が沈殿するので注意しなければならない．

そこで，問題となるのは，カルシウムイオンとバリウムイオンの濃度と，加える硫酸イオンの物質量をどのように設定すればよいかである．例題 3.5 によって考えてみる．

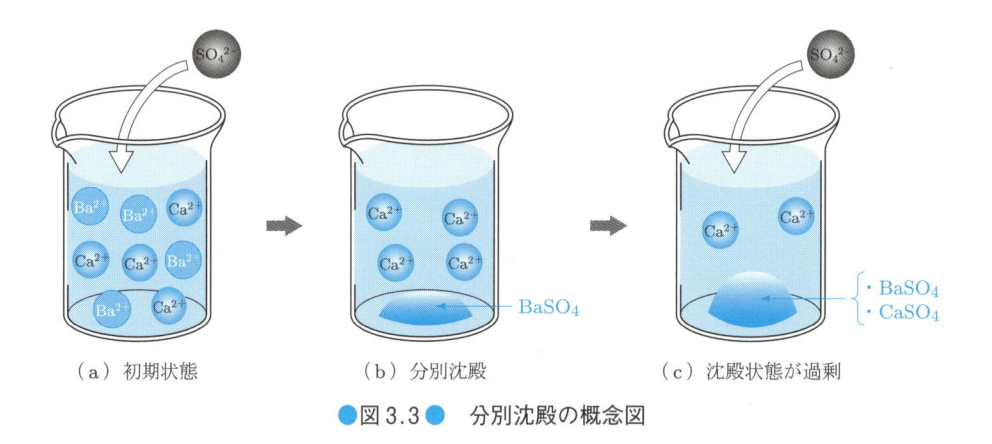

（a）初期状態　　（b）分別沈殿　　（c）沈殿状態が過剰

● 図 3.3 ● 分別沈殿の概念図

例題 3.5　カルシウムイオン Ca^{2+} とバリウムイオン Ba^{2+} を，それぞれ $1.0\times10^{-2}\ mol\ dm^{-3}$ の濃度で含む水溶液を考える．この水溶液に硫酸イオン SO_4^{2-} を加えることによって，カルシウムイオンとバリウムイオンの分別は可能か．

解答　両イオンの溶解度積は，次のようになる．

硫酸カルシウム $CaSO_4$ の溶解度積：$[Ca^{2+}][SO_4^{2-}] = 6.1\times10^{-5}$　　(3.23)

硫酸バリウム $BaSO_4$ の溶解度積：$[Ba^{2+}][SO_4^{2-}] = 1.1\times10^{-10}$　　(3.24)

バリウムイオンは，例題 3.4 と同様の計算によって，硫酸イオンの濃度が $1.1\times10^{-8}\ mol\ dm^{-3}$ になったときに沈殿を始めることがわかる．一方，カルシウムイオンが沈殿を始める硫酸イオンの濃度 $[SO_4^{2-}]$ は

$$[SO_4^{2-}] = \frac{6.1\times10^{-5}}{1.0\times10^{-2}} = 6.1\times10^{-3}\ mol\ dm^{-3} \tag{3.25}$$

である．バリウムイオンを沈殿させる硫酸イオン濃度は，カルシウムイオンを沈殿させるよりはるかに少ない．したがって，カルシウムイオンとバリウムイオンの混合溶液に硫酸イオンを加えると，はじめにバリウムイオンが沈殿し，次にカルシウムイオンが沈殿する．カルシウムイオンが沈殿し始めるときに水溶液中に存在しているバリウムイオン濃度 $[Ba^{2+}]$ は，

$$[\mathrm{Ba^{2+}}] = \frac{1.1\times 10^{-10}}{[\mathrm{SO_4^{2-}}]} = \frac{1.1\times 10^{-10}}{6.1\times 10^{-3}} = 1.8\times 10^{-8}\,\mathrm{mol\,dm^{-3}} \qquad (3.26)$$

であるから，$1.8\times 10^{-8}\,\mathrm{mol\,dm^{-3}}$ となる．

初濃度の 0.1% 以下が水溶液中に残り，99.9% が純粋な沈殿として得られれば，両イオンは定量的に分別されたとされる．この例の場合，カルシウムイオンが沈殿し始めるときに水溶液中に残っているバリウムイオン濃度は初濃度の 0.1% 以下であるので，両者は定量的に分離されたといえる．

沈殿生成と水溶液中の硫酸イオン濃度の関係を図示すると図 3.4 のようになる．バリウムイオンは，硫酸イオン濃度 $[\mathrm{SO_4^{2-}}]$ が $1.1\times 10^{-8}\,\mathrm{mol\,dm^{-3}}$ より多くなると沈殿するが，カルシウムイオンはこの濃度では，まだ水溶液に溶解したままである．カルシウムイオンが沈殿し始める硫酸イオン濃度

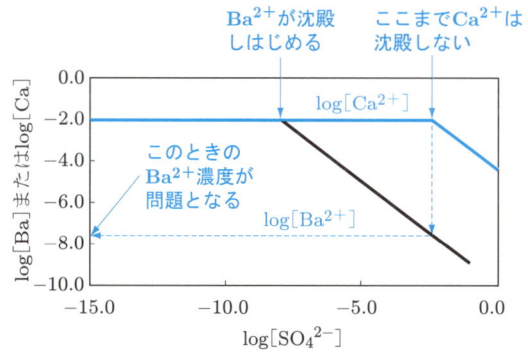

$$[\mathrm{SO_4^{2-}}] = 6.1\times 10^{-3}\,\mathrm{mol\,dm^{-3}}$$

まで，水溶液中のバリウムイオン濃度 $[\mathrm{Ba^{2+}}]$ は減少し続ける．$6.1\times 10^{-3}\,\mathrm{mol\,dm^{-3}}$ 以上の濃度では，バリウムイオンとカルシウムイオンの両方が沈殿し，両イオンの濃度は減少し続ける．

途中，

$$[\mathrm{SO_4^{2-}}] = 1.1\times 10^{-5}\,\mathrm{mol\,dm^{-3}}$$

で水溶液中のバリウムイオン濃度が $1.0\times 10^{-5}\,\mathrm{mol\,dm^{-3}}$ となるので，定量的な分離は

$$1.1\times 10^{-5}\,\mathrm{mol\,dm^{-3}} \leq [\mathrm{SO_4^{2-}}] < 6.1\times 10^{-3}\,\mathrm{mol\,dm^{-3}}$$

の濃度範囲で達成される．

● 図 3.4 ● バリウムイオン $\mathrm{Ba^{2+}}$ とカルシウムイオン $\mathrm{Ca^{2+}}$ の分別

例題 3.6

銅イオン $\mathrm{Cu^{2+}}$ とマンガンイオン $\mathrm{Mn^{2+}}$ を，それぞれ濃度 $1.00\times 10^{-3}\,\mathrm{mol\,dm^{-3}}$ 含む混合溶液に硫化物イオン $\mathrm{S^{2-}}$ を加えることによって，両イオンの分別は可能か．

解答

硫化銅 CuS の溶解度積は 4.0×10^{-38} であり，硫化マンガン MnS のそれは 1.4×10^{-15} である．各々の金属イオンが沈殿し始めるときの硫化物イオンの濃度 $[\mathrm{S^{2-}}]$ は，

銅イオンでは $[\mathrm{S^{2-}}] = \dfrac{4.0\times 10^{-38}}{1.00\times 10^{-3}} = 4.0\times 10^{-35}\,\mathrm{mol\,dm^{-3}}$

マンガンイオンでは $[\mathrm{S^{2-}}] = \dfrac{1.4\times 10^{-15}}{1.00\times 10^{-3}} = 1.4\times 10^{-12}\,\mathrm{mol\,dm^{-3}}$

となる．銅イオンの場合のほうが硫化物イオン濃度が小さいので，先に沈殿を始める．硫化物イオン濃度が次第に増加して 1.4×10^{-12} になったときにマンガンイオンが沈殿し始める．このときの銅イオン濃度 $[\mathrm{Cu^{2+}}]$ は，

$$[\mathrm{Cu^{2+}}] = \frac{4.0\times 10^{-38}}{1.4\times 10^{-12}} = 2.9\times 10^{-26}\,\mathrm{mol\,dm^{-3}}$$

となる．マンガンイオンが沈殿し始めるときの銅イオン濃度は初濃度の 0.1% 以下であるから，銅イオンとマンガンイオンの分別は可能である．

例題 3.7 銅イオン Cu^{2+} とマンガンイオン Mn^{2+} を，それぞれ濃度 $1.00\times10^{-3}\,\mathrm{mol\,dm^{-3}}$ 含む混合溶液に硫化水素ガス H_2S を吹き込み，硫化水素ガスの飽和溶液とする．水溶液の pH を変化させたとき，沈殿はどうなるか．pH＝3.00 のときと pH＝9.00 のときを比較せよ．

解答 硫化水素ガスを飽和させたとき，水溶液中の硫化水素濃度 $[H_2S]$ は約 $0.1\,\mathrm{mol\cdot dm^{-3}}$ である．pH が 3.00 のときと 9.00 のときの水溶液中の硫化物イオン濃度 $[S^{2-}]$ は

$$K_{a1}K_{a2} = \frac{[H^+]^2[S^{2-}]}{[H_2S]} = 5.37\times10^{-20}$$

より計算できる．その結果，pH 3.00 では $[S^{2-}]=5.37\times10^{-15}$ であり，pH 9.00 では $[S^{2-}]=5.37\times10^{-3}$ となる．
pH＝3.00 の水溶液中における銅イオンとマンガンイオンの濃度を計算すると，

$$[Cu^{2+}] = \frac{4.0\times10^{-38}}{5.37\times10^{-15}} = 7.45\times10^{-24} < 1.00\times10^{-3}\,\mathrm{mol\,dm^{-3}}$$

$$[Mn^{2+}] = \frac{1.4\times10^{-15}}{5.37\times10^{-15}} = 2.61\times10^{-1} > 1.00\times10^{-3}\,\mathrm{mol\,dm^{-3}}$$

である．銅イオン濃度 $[Cu^{2+}]$ は初濃度より小さく，マンガンイオン濃度 $[Mn^{2+}]$ は大きい．したがって銅イオンは沈殿するが，マンガンイオンは沈殿せず，水溶液中に残る．
一方，pH を 9.00 にしたときはどうか．同じように水溶液中の銅イオン濃度とマンガンイオン濃度を計算すると，

$$[Cu^{2+}] = \frac{4.0\times10^{-38}}{5.37\times10^{-3}} = 7.45\times10^{-36} < 1.00\times10^{-3}\,\mathrm{mol\,dm^{-3}}$$

$$[Mn^{2+}] = \frac{1.4\times10^{-15}}{5.37\times10^{-3}} = 2.61\times10^{-13} < 1.00\times10^{-3}\,\mathrm{mol\,dm^{-3}}$$

となる．この条件では，銅イオンもマンガンイオンも共に沈殿することがわかる．

3.3 金属陽イオンの系統的定性分析

陽イオンの系統的定性分析法[*3]とは，未知試料中に，24 種類の陽イオンのうち，どの陽イオンが含まれているかを化学的手法によって求める方法である．陽イオンの定性分析の手順について，概略を図 3.5 に示す．

この図からわかるように，この系統的定性分析法は，陽イオンの沈殿形成に基づいてイオンをグループ分けする方法である．陽イオンの系統的定性分析法では，陽イオンは大きく 6 つのグループに分けられ，それぞれ第 1 属から第 6 属までの名前でよばれている．さらに操作を行うことによって，各グループに含まれるイオンのうち，試料中にどの陽イオンが含まれているのかを特定することができる．

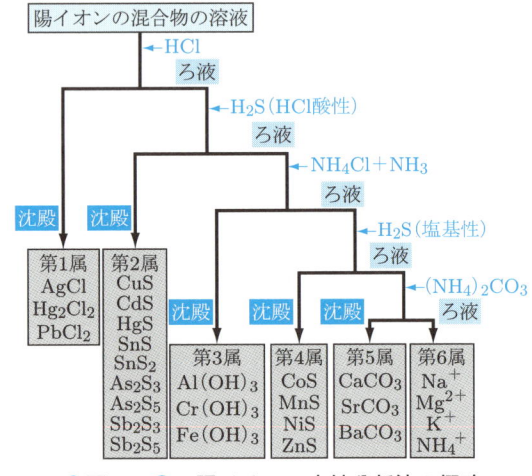

● 図 3.5 ● 陽イオンの定性分析法の概略

[*3] 系統的定性分析法は，現在では機器分析が発達したので，ほとんど用いられていないが，分析化学の手法を学ぶための教材として手ごろであるので，現在でも多くの教育機関で教育素材として取り上げられている．

3.3.1 第1属イオン

第1属に属するイオンは,銀イオン Ag^+,水銀イオン Hg_2^{2+},鉛イオン Pb^{2+} の3種類である.これらのイオンの塩化物は難溶性であるために,すべてのイオンに先立って,ほかのイオンから分離される.各イオンの塩化物の溶解度積を付表3より抜き出して表3.1に示した.塩化鉛 $PbCl_2$ の溶解度積は大きく,沈殿しにくいことがわかる.これらの元素は周期表の第5周期以下の11族から14族に属する.

■表3.1■ 第1属イオン塩化物の溶解度積

電解質		溶解度積
塩化銀	AgCl	1.78×10^{-10}
塩化水銀	Hg_2Cl_2	2.0×10^{-18}
塩化鉛	$PbCl_2$	1.0×10^{-4}

3.3.2 第2属イオン

第2属イオンは,第1属のイオンを沈殿させた水溶液に,塩酸酸性のまま硫化水素 H_2S を導入したときに沈殿するイオンである.第2章の図2.15で示したように,硫化水素は水溶液のpHによって硫化物イオン S^{2-} の濃度が変化する.酸性側では,硫化物イオンは少量である.すなわち,第2属に属する陽イオンは,硫化物の溶解度積が著しく小さいイオンである.溶解度積を表3.2に示す.これらの元素は周期表の4周期以上の11族から15族に属し,第1属イオンの周囲に存在する.

■表3.2■ 第2属イオン硫化物の溶解度積

電解質		溶解度積
硫化銅	CuS	4.0×10^{-38}
硫化カドミウム	CdS	$0.7\sim1.0 \times 10^{-28}$
硫化水銀	HgS	4×10^{-53}
硫化スズ	SnS	8×10^{-29}

3.3.3 第3属イオン

第3属イオンは,第2属イオンを分離させて塩酸酸性になった水溶液を煮沸し,塩化水素 HCl と硫化水素を追い出したあと,アンモニア緩衝液で塩基性溶液にしたときに沈殿するイオンである.これらは,いずれも水酸化物として沈殿する.このうち,アルミニウムイオン Al^{3+} は両性水酸化物である.水酸化アルミニウム $Al(OH)_3$[*4] は,強塩基性溶液では酸としてはたらくため溶解する.溶解度積を表3.3に示す.

■表3.3■ 第3属イオン水酸化物の溶解度積

電解質		溶解度積
水酸化アルミニウム	$Al(OH)_3$	2×10^{-32}
水酸化クロム	$Cr(OH)_3$	6×10^{-31}
水酸化鉄	$Fe(OH)_3$	1.26×10^{-38}

3.3.4 第4属イオン

第4属イオンは,第3属イオンを沈殿させた塩基性溶液に硫化水素を吹き込むことにより沈殿させたイオンである.水溶液が塩基性なので,水溶液中の硫化物イオン濃度が大きくなり,溶解度積の比較的大きな金属硫化物が沈殿するのである.溶解度積は表3.4のとおりである.これらの元素は周期表の第4周期の遷移元素であり,第3属イオンとともに第1属,第2属イオンの周囲に存在する.

■表3.4■ 第4属イオン硫化物の溶解度積

電解質		溶解度積
硫化コバルト	CoS	α 7×10^{-23}
		β 2×10^{-27}
硫化マンガン	MnS	1.4×10^{-15}
硫化ニッケル	NiS	1.4×10^{-24}
硫化亜鉛	ZnS	2.9×10^{-25}

3.3.5 第5属イオン

第5属イオンは,最後に炭酸塩として沈殿する元素である.溶解度積を表3.5に示す.これらの元素はアルカリ土類金属元素であり,強塩基性物

[*4] 水酸化アルミニウムは,酸性溶液中では塩基としてはたらき,塩基性溶液中では酸(アルミン酸 $HAlO_2$)としてはたらく.したがって両性である.

質である．

■表3.5■ 第5属イオン炭酸塩の溶解度積

電解質		溶解度積
炭酸カルシウム	$CaCO_3$	9.9×10^{-9}
炭酸ストロンチウム	$SrCO_3$	1.6×10^{-9}
炭酸バリウム	$BaCO_3$	8×10^{-9}

3.3.6 第6属イオン

最後に水溶液中に残っているイオンは，これまでのどの操作においても沈殿を形成しないイオンである．第6属イオンとよばれている．図3.5に示したように，アルカリ金属元素と原子量の小さなアルカリ土類金属元素が含まれている．これらの元素も強塩基性物質である．

第1属から第6属までの陽イオンを周期表を参照して概観すると，第1属元素を中心として，第2属から第6属まで次第に外側を取り巻くように分布していることがわかる．

Step up 酸塩基は硬い！？ 軟らかい！？

ピアソン（R. G. Pearson）は，陽イオンの電子対供与原子との親和性を比較した．酸素 O，窒素 N，フッ素 F を含む群とリン P，硫黄 S，塩素 Cl を含む群を比べると，酸素を含む群のほうが硫黄を含む群より安定である陽イオン群と，逆に，硫黄を含む群のほうが安定である陽イオン群に分けられることに注目した．そして彼は，酸素を含む群を硬い塩基とし，硬い塩基と親和性のある陽イオンを硬い酸，硫黄を含む群を軟らかい塩基とし，軟らかい塩基と親和性のある陽イオンを軟らかい酸と区別した．中間的な性質をもつ元素とともに，これらの硬い酸，軟らかい酸を表3.6に掲げる．

第1属イオンから第6属イオンへと進むにしたがって軟らかい酸から硬い酸に変わっていくことがわかる．

軟らかい酸である金属イオンに軟らかい塩基が配位すると，金属イオンから塩基に向かって電子を与えることができる．一方，硬い酸では与えることができないという違いがある．

■表3.6■ 硬い酸と軟らかい酸

硬い酸	H^+，Na^+，K^+，Be^{2+}，Mg^{2+}，Ca^{2+}，Mn^{2+}，Al^{3+}，Cr^{3+}，Co^{3+}，Fe^{3+} など
中間的な酸	Fe^{2+}，Co^{2+}，Ni^{2+}，Cu^{2+}，Zn^{2+}，Pb^{2+}，Sn^{2+}，Sb^{3+} など
軟らかい酸	Ag^+，Hg^+，Cd^{2+}，Hg^{2+} など

3.4 沈殿滴定

沈殿滴定とは，難溶性電解質の沈殿特性を利用した滴定（titration）法である．銀イオン Ag^+ でハロゲンイオンなどを滴定する銀滴定が知られている．この方法は，銀 Ag との難溶性塩が化学量論的に生成する[*5]ことが基礎となっている．

3.4.1 銀滴定

図3.6の装置で，塩化物イオン濃度 $[Cl^-]$ を硝酸銀 $AgNO_3$ 水溶液で滴定する銀滴定を考えてみる．例として NCl 水溶液中の塩化物イオンの銀滴定を取り上げる．

銀滴定では，塩化物イオン濃度を測定しようとする試料溶液に銀イオンを滴下する．このとき，水溶液中で起こっている反応を模式図で示すと図3.7のようになる．

滴定のはじめには，水溶液中の塩化物イオンは塩化銀 AgCl として沈殿する．水溶液中の塩化物イオン Cl^- がなくなれば沈殿は生成されなくなるので，銀イオンを加えても溶液は白濁しなくなる．ここまでに加えられた塩化銀溶液の体積から溶液中の塩化物イオン濃度 $[Cl^-]$ がわかる．

さて，体積 V^o_{Cl} の試料溶液における塩化物イオン初濃度を c^o_{Cl} とし，濃度 c^o_{Ag} の硝酸銀溶液で滴定することを考える．

当量点前，硝酸銀溶液の体積を V_{Ag} とすると，

[*5] 化学量論的に生成するとは，化学反応式で示された物質量の割合通りに反応がおこることをいう．

$$[\text{Na}^+] = \frac{c^o{}_{\text{Cl}} V^o{}_{\text{Cl}}}{V_{\text{Ag}} + V^o{}_{\text{Cl}}} \quad (3.28)$$

また，

$$[\text{NO}_3{}^-] = \frac{c^o{}_{\text{Ag}} V_{\text{Ag}}}{V_{\text{Ag}} + V^o{}_{\text{Cl}}} \quad (3.29)$$

であるから，

$$[\text{Cl}^-] = \frac{c^o{}_{\text{Cl}} V^o{}_{\text{Cl}} - c^o{}_{\text{Ag}} V_{\text{Ag}}}{V^o{}_{\text{Cl}} + V_{\text{Ag}}} + \frac{K_{\text{sp}}}{[\text{Cl}^-]} \quad (3.30)$$

である．滴定率 f は

$$f = \frac{c^o{}_{\text{Ag}} V_{\text{Ag}}}{c^o{}_{\text{Cl}} V^o{}_{\text{Cl}}} \quad (3.31)$$

であるから，滴定途中の塩化物イオン濃度 $[\text{Cl}^-]$ は

$$[\text{Cl}^-]^2 - \frac{c^o{}_{\text{Cl}} V^o{}_{\text{Cl}} (1-f)}{V^o{}_{\text{Cl}} + V_{\text{Ag}}} [\text{Cl}^-] - K_{\text{sp}} = 0 \quad (3.32)$$

となる．これを図示すると図3.8のようになる．この計算では $V^o{}_{\text{Cl}}$ を $20\,\text{cm}^3$，$c^o{}_{\text{Cl}}$ と $c^o{}_{\text{Ag}}$ を $0.010\,\text{mol dm}^{-3}$ とし，溶解度積 $K_{\text{sp}} = 1.78 \times 10^{-10}$ として計算した．溶解度積がより小さくなれば，終点での被測定イオン濃度の変化はより大きくなる．

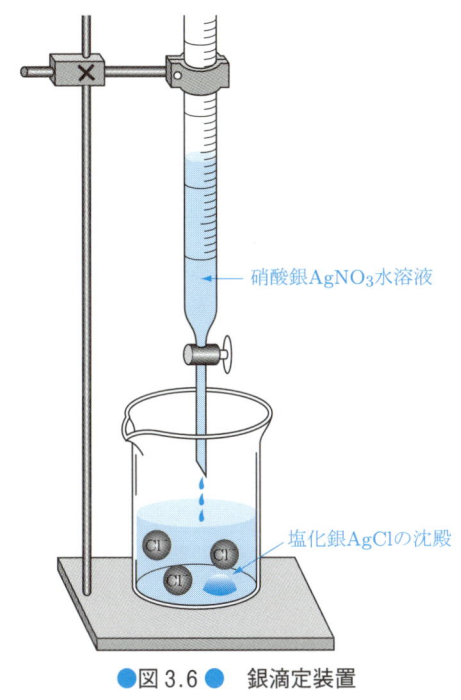

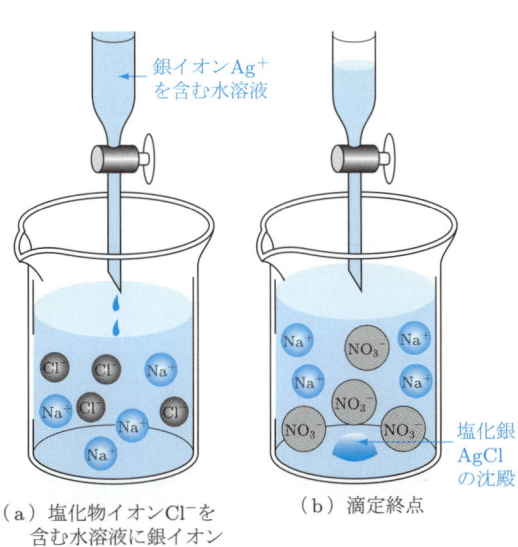

● 図3.6 ● 銀滴定装置

● 図3.7 ● 銀滴定の反応模式図
（a）塩化物イオン Cl^- を含む水溶液に銀イオン Ag^+ を滴下する
（b）滴定終点

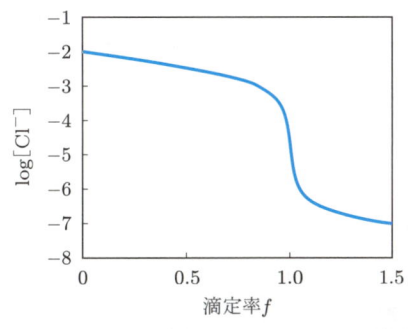

● 図3.8 ● 銀滴定での塩化物イオン濃度

溶液中の塩化物イオン濃度は次のように求められる．

溶液は電荷均衡が成立しているので，

$$[\text{Ag}^+] + [\text{Na}^+] = [\text{Cl}^-] + [\text{NO}_3{}^-] \quad (3.27)$$

である．ここで，

3.4.2 滴定指示薬

沈殿滴定の終点検出法には，クロム酸銀 Ag_2CrO_4 の沈殿を利用するモール法，フルオレセインなどの吸着指示薬を使うファヤンス法などの方法がある．

(a) モール法[*6]

塩化銀とクロム酸銀の溶解度積の違いを利用し

た判別法である．塩化銀とクロム酸銀では，塩化銀のほうが溶解度積が小さいので，適当な濃度のクロム酸イオン CrO_4^{2-} を水溶液中に混合させておき，銀溶液を加えて塩化銀を沈殿させる．塩化銀の沈殿が定量的に行われたあとクロム酸銀を沈殿させれば，沈殿が黄色に着色するので滴定の終点を検知できる．

(b) ファヤンス法[*7]

フルオレセイン（fluorescein）$C_{20}H_{12}O_5$ などの吸着指示薬を滴定終点検出に用いる方法である．指示薬には，フルオレセインのほかにエオシン，ローダミン 6G などが用いられる．

通常，これらの指示薬は水溶液中に溶けているが，生成した沈殿が過剰なイオンの存在下で電荷を帯びたときに沈殿表面に吸着して発色する．

銀滴定にフルオレセインを用いた場合，沈殿が生成している段階では溶液中には過剰な銀イオンは存在しない．この状態で溶液中に存在するフルオレセインは黄緑色である．沈殿が生成し終わり，溶液中に過剰な銀イオンが存在すると，その一部は沈殿表面に吸着し，沈殿表面は正に帯電する．

フルオレセインは弱酸であるので，解離したフルオレセインは負イオンである．正に帯電した沈殿とフルオレセインの間にクーロン力[*8]が生じ，フルオレセインは沈殿表面に吸着する．吸着したフルオレセインは沈殿を赤色に染色する．

この現象を利用して沈殿滴定の終点検出に用いられているが，フルオレセインが吸着するためには，フルオレセインが解離していることが必要なので，溶液の pH を制御することが求められる．

例題 3.8 塩化物イオン濃度 $[Cl^-]$ が $1.0 \times 10^{-2}\,mol\,dm^{-3}$ の水溶液の終点を検出するのに適当なクロム酸イオン濃度 $[CrO_4^{2-}]$ を求めよ．

解答 溶解度積とクロム酸銀 Ag_2CrO_4 が沈殿し始める濃度での塩化物イオン濃度が問題となる．溶解度積は，塩化銀 AgCl が 1.78×10^{-10} でクロム酸銀が 4.1×10^{-12} である．滴定時の水溶液の体積増加を無視すると，水溶液中の塩化物イオンが定量的に沈殿したときにクロム酸銀が沈殿すればいいので，題意から，クロム酸銀が沈殿するときには，塩化物イオン濃度は $1.0 \times 10^{-5}\,mol\,dm^{-3}$ であればいいことになる．そのときの銀イオン濃度 $[Ag^+]$ は，

$$[Ag^+] = \frac{1.78 \times 10^{-10}}{1.0 \times 10^{-5}} = 1.78 \times 10^{-5}\,mol\,dm^{-3} \tag{3.33}$$

である．したがって，クロム酸イオン濃度は，

$$[CrO_4^{2-}] = \frac{4.1 \times 10^{-12}}{(1.78 \times 10^{-5})^2} = 1.29 \times 10^{-2}\,mol\,dm^{-3} \tag{3.34}$$

となる．
これ以上の濃度であると，塩化物イオンが定量的に沈殿する前にクロム酸銀が沈殿し始めるので，終点に誤差が生ずる．

Coffee Break

硬水はなぜ洗濯に向かないか

硬水とは，マグネシウムイオン Mg^{2+} やカルシウムイオン Ca^{2+} を多量に含んだ水のことである．硬水に石鹸などの洗剤を加えると白い沈殿ができてしまい，洗濯しようにも泡立たず，石鹸として役に立たない．これは，石鹸分子とカルシウムイオンなどの 2 価の金属イオンが反応し，難溶性の物質ができてしまうためである．

このため合成洗剤には，硬水を軟水にして洗剤の能力を向上させるためにビルダーとよばれる物質が混合されている．

[*6] ドイツの化学者モール（K. F. Mohr, 1806-1879）により考案された手法．
[*7] 物理学者のファヤンス（K. Fajans, ポーランド-アメリカ, 1887-1975）により考案された手法．
[*8] クーロン力：電荷を帯びた粒子の間ではたらく電気的な力．

演・習・問・題・3

3.1 次の化合物を水に溶解させた．沈殿平衡にあるときの水溶液のモル濃度を求めよ．
(1) 臭化銀 AgBr
(2) 硫酸カルシウム $CaSO_4$
(3) クロム酸銀 Ag_2CrO_4
(4) 塩化鉛 $PbCl_2$
(5) 塩化水銀 Hg_2Cl_2

3.2 沈殿と平衡にあるクロム酸銀 Ag_2CrO_4 水溶液の銀イオン Ag^+ 濃度を測定したところ $2.00 \times 10^{-4}\,mol\,dm^{-3}$ であった．クロム酸銀の溶解度積を求めよ．

3.3 臭化銀 AgBr $1.00 \times 10^{-3}\,g$ を $0.5\,dm^3$ の水に添加した．何 g の臭化銀が沈殿として残るか．

3.4 シュウ酸銀 $Ag_2C_2O_4$ $0.0100\,g$ を $0.20\,dm^3$ の水に添加した．何 g のシュウ酸銀が沈殿として残るか．

3.5 臭化ナトリウム NaBr を $2.00 \times 10^{-3}\,mol\,dm^{-3}$ の濃度で含む水溶液に硝酸銀 $AgNO_3$ を溶解した．沈殿が生成し始めるときの水溶液中の銀イオンの濃度を求めよ．

3.6 次のイオンを $2.00 \times 10^{-3}\,mol\,dm^{-3}$ 含む水溶液に炭酸イオン CO_3^{2-} を添加したとき，それぞれのイオンが沈殿を始める炭酸イオンの濃度を求めよ．
(1) カルシウムイオン Ca^{2+}
(2) 銀イオン Ag^+
(3) ストロンチウムイオン Sr^{2+}
(4) 鉛イオン Pb^{2+}
(5) バリウムイオン Ba^{2+}

3.7 濃度 $1.0 \times 10^{-2}\,mol\,dm^{-3}$ の銀イオン Ag^+ と濃度 $5.0 \times 10^{-2}\,mol\,dm^{-3}$ の鉛イオン Pb^{2+} を含む混合溶液に塩化物イオン Cl^- を少量ずつ滴下して，最終的に $[Cl^-] = 1.0 \times 10^{-5}\,mol\,dm^{-3}$ の水溶液とした．溶解している銀イオンと鉛イオンの濃度を求めよ．ただし，液量の変化はないものとする．

3.8 それぞれ濃度 $0.010\,mol\,dm^{-3}$ のバリウムイオン Ba^{2+} とカルシウムイオン Ca^{2+} を含む水溶液に，硫酸イオン SO_4^{2-} が硫酸ナトリウム Na_2SO_4 の形で少量添加される．次の問に答えよ．
(1) 硫酸イオン濃度 $[SO_4^{2-}]$ がいくらになれば硫酸バリウム $BaSO_4$ が沈殿し始めるか．
(2) 硫酸イオン濃度がいくらになれば硫酸カルシウム $CaSO_4$ が沈殿し始めるか．
(3) 硫酸カルシウムが沈殿し始めるときの水溶液中のバリウムイオン濃度を求めよ．
(4) バリウムイオンが定量的にカルシウムイオンから分離されるのは，硫酸イオン濃度がいくらの範囲にあるときか．

3.9 濃度 $0.10\,mol\,dm^{-3}$ の硫酸 H_2SO_4 水溶液中，および濃度 $0.10\,mol\,dm^{-3}$ の硫酸ナトリウム Na_2SO_4 水溶液中でのバリウムイオン Ba^{2+} の溶解度はそれぞれいくらか．

3.10 銅イオン Cu^{2+} とマンガンイオン Mn^{2+} をそれぞれ濃度 $1.00 \times 10^{-3}\,mol\,dm^{-3}$ 含む水溶液に硫化水素 H_2S ガスを吹き込み，硫化水素の飽和溶液とする．銅イオンとマンガンイオンが分別できる水溶液の pH 範囲を求めよ．

第4章
錯生成平衡とキレート滴定

金属イオンは，水分子などの非結合電子対をもつ分子やイオンが共存すると，金属錯体とよばれる化合物を作ることがある．金属錯体内は特殊な化合物のように見えるが，実はごく一般的な化合物である．金属イオンの美しい色彩の源は，ほとんどの場合金属錯体であるし，錯体の生成反応は水の硬度測定にも応用されている．
本章では，錯体の生成平衡と錯体を利用した分析法について学ぶ．

KEY WORD

| 金属錯体 | 配位子 | 水 和 | 単座配位子 | 多座配位子 |
| 錯生成定数 | 条件生成定数 | キレート | キレート滴定 | |

4.1 錯体の生成

金属陽イオンが水に溶解しているとき，本書では，これまで単に M^{n+} と書き，電荷 $n+$ のイオン M が水溶液中に存在しているとした．しかし，実際には，金属イオンは水分子と結合して存在しており，水分子以外に，孤立電子対をもつ分子とも結合することができる．

金属イオンと孤立電子対をもつ分子からなる複合体を錯体（complex）という[*1]．錯体は特殊な物質ではなく，ごく一般的な物質である．

本節では，水溶液中における錯体について説明する．

4.1.1 錯体の生成

本書では，これまで，電解質が水に溶解して生じた金属イオン M^{n+} は，単にイオンとして存在するとし，化学反応式で

$$M^{n+} \longrightarrow M^{n+}(\text{soln}) \tag{4.1}$$

と書いた．ここで（soln）は，金属イオンが水に溶けていることを表す．

しかし，現在では，水溶液中の金属イオンは単独で存在するのではなく，水分子を形成する酸素原子と弱く結合していると考えられている．この状態を水和（hydration）という．

これまで，金属イオンが水和状態にあっても単に M^{n+} と書いていたわけは，水が溶媒であり，水和している水分子を無視して話を進めても問題がなかったからである．

[*1] 「金属錯体」は，無機化学や分析化学の分野の呼称である．有機化学の分野では「有機金属（organometallic）化合物」などとよぶことがある．

金属イオンの水和状態の例を図4.1に示す．

図4.1では，金属イオンに4個の水分子が結合した状態を描いている．このような状態を，水分子は金属イオンに配位（coordination）しているといい，配位している水分子の数を配位数（coordination number）という．また，水分子が配位した $M(H_2O)_x$ の形の化合物を，とくにアクア錯体*2（aqua complex）とよぶ．結合できる配位数は金属イオンによって異なるので，アクア錯体の化学式は，一般的に $[M(H_2O)_x]^{n+}$ とかかれ，x は4〜6であることが多い．錯体は，x が4のとき正四面体構造，6のとき正八面体構造をとることが多い．

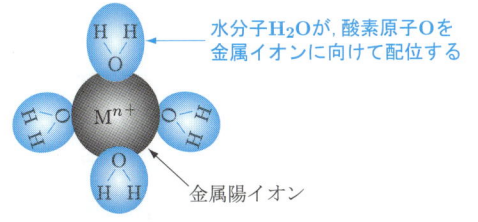

●図4.1● アクア錯体の模式図

錯体の生成を考えると，陽イオンは水に溶けるとき式(4.1)のように反応するのではなく，式(4.2)のように反応すると考えることができる．

$$M^{n+} + xH_2O \longrightarrow [M(H_2O)_x]^{n+} (\text{soln}) \quad (4.2)$$

式(4.2)の反応を水和反応という．金属イオンに配位できるのは水分子だけではない．たとえば，銀イオン Ag^+ はアンモニア分子 NH_3 と結合し，化合物 $[Ag(NH_3)_2]^+$ をつくる．金属イオンに配位できる水やアンモニアのような分子を配位子（ligand）という．

陽イオンの水溶液，つまり，陽イオンのアクア錯体の水溶液にアンモニアのような化合物が溶解したときに起きる反応は，次のように表される*3．

$$[M(H_2O)_x]^{n+} + yNH_3 \rightleftharpoons$$
$$[M(H_2O)_{x-z}(NH_3)_y]^{n+} + zH_2O \quad (4.3)$$

この反応を図示すると，図4.2のようになる．アクア錯体中の水分子の一部がアンモニア分子によって置換され，アンモニア分子と金属イオンからなる新たな錯体ができる．アンモニア分子からなる錯体をアンミン錯体という．

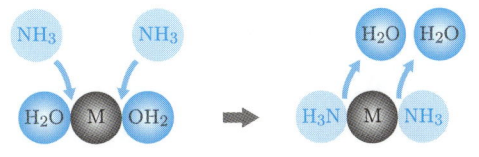

●図4.2● アクア錯体からアンミン錯体への置換反応（2配位の場合）

4.1.2 ルイスによる酸–塩基の定義

ブレンステッドの定義では，酸は水素イオン H^+ を与えるもの，塩基は水素イオンを受け取るものとした．すなわち，図4.3(a)におけるアンモニア分子と水素イオンの反応では，アンモニアは水素イオンを受け取るので塩基である．また，水素イオンはアンモニア分子に対して水素イオンを与えるので酸である．

図4.3(a)の反応において，水素イオンではなく孤立電子対*4 に着目してみる．ブレンステッド塩基であるアンモニア分子は孤立電子対を水素イオンに与え，ブレンステッド酸である水素イオンは孤立電子対を受け取ることによって，アンモニ

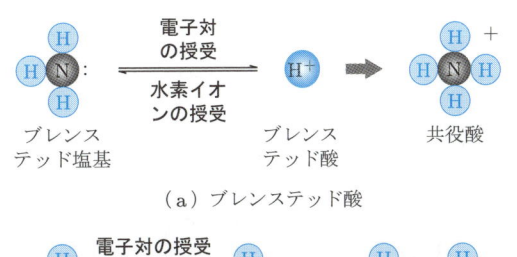

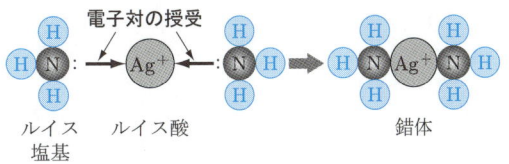

●図4.3● ブレンステッドとルイスの酸塩基定義の対応

---
*2 アクア（aqua）とは，水のことである．
*3 式(4.3)のように，一般に錯体は [ ] をつけて表される．しかし，濃度を表す [ ] との混同を避けるために，錯体を表す [ ] は省略することがある．
*4 最外殻電子のうち，共有結合に関与せずに対を形成している電子のこと．窒素原子には1対，酸素原子には2対存在する．

ウムイオン NH_4^+ を形成している．つまり，水素イオンではなく孤立電子対に注目しても，酸‐塩基の定義は可能である．

このように，孤立電子対の授受で酸‐塩基を定義することをルイスの定義[*5]という．**ルイス酸**は電子対を受け取る物質，**ルイス塩基**は電子対を与える物質である．

ここで，図4.3（b）の銀イオン Ag^+ とアンモニア分子の反応をみると，図4.3（a）の反応とよく似ていることがわかる．図4.3（b）では，銀イオンは図4.3（a）の水素イオンと同じくアンモニア分子の孤立電子対を受け取っている．すなわち，ルイスの定義に従うと，図4.3（b）に示した銀アンミン錯体では，銀イオンはルイス酸，アンモニア分子はルイス塩基とみなすことができる．一般的に錯体において，金属イオンはルイス酸，配位子はルイス塩基である．

4.1.3 配位子

アクア錯体では水分子が配位子であり，アンミン錯体ではアンモニア分子が配位子である．

配位子は，孤立電子対を有する化学種である．塩化物イオン Cl^-，水酸化物イオン OH^- などの陰イオンは，分子中に孤立電子対を有するので配位子になりうる．電気的に中性な分子であっても，アンモニア分子やピリジン C_5H_5N など，孤立電子対をもつ原子（酸素O，硫黄S，窒素Nなど）を分子中に有する場合は配位子となりうる．

図4.1に示した水分子や図4.3（b）のアンモニア分子のように，配位できる孤立電子対を分子内に1個だけもっている配位子を**単座配位子**（monodentate ligand）とよぶ．

電荷をもたない配位子と錯体を生成する場合，生じた錯体の電荷は陽イオンの電荷と等しくなるが，負電荷の配位子と金属イオンから錯体が形成された場合，生じた錯体は電荷をもたないことがある．電荷をもつ錯体をとくに**錯イオン**（complex ion）とよぶこともあるが，一般的に錯体とよぶ場合は，錯イオンと錯体を含む．

4.1.4 キレート

エチレンジアミン $H_2NCH_2CH_2NH_2$ などの分子は，分子内に配位結合することができる原子を2個もっている．分子内に複数の配位可能な原子をもつ配位子を**多座配位子**（multidentate ligand）という．代表的な多座配位子を表4.1にあげる．

多座配位子が金属イオンと2座以上で配位する場合，環状の分子構造となる．この分子構造が，図4.4に示したようにカニがはさみで物をつかんだときに似ているので，**キレート化合物**（chelate compound）[*6]という．また，キレート化合物を形成できる配位子をキレート試薬という．

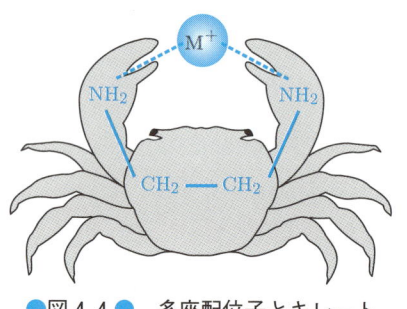

●図4.4● 多座配位子とキレート

[*5] アメリカの化学者ルイス（G. N. S. Lewis, 1875-1946）が提唱した．ルイス酸の概念は，酸塩基の概念を電子の授受にまで拡張し，酸塩基の定義を水素イオンの授受の枠から解き放った．彼の定義により，錯体の生成も酸塩基の観点から扱えるようになった．
[*6] 「カニのツメでつかむ」の意味である．

■表4.1■　代表的な配位子

名　称	配　位	構　造
エチレンジアミン (ethylenediamine: en)	$H_2NCH_2CH_2NH_2$	
アセチルアセトン (acetylacetone)	$H_3CCOCH_2COCH_3$	
テノイルトリフルオロアセトン (thenoyltrifluoroacetone: TTA)	$C_4H_3SCOCH_2COCF_3$	
オキシン (oxine: 8-hydroxyquinoline)	C_9H_6NOH	
ジエチルジチオカルバミン酸ナトリウム (sodium diethylthiocarbamate)	$(C_2H_5)_2NCSSNa$	

＊青字で示した原子が金属イオンに配位する．

4.2　錯生成定数

　本節では，錯体が生成するときの平衡を考える．金属イオンと配位子濃度によって，どのような錯体がどれだけ生成するかは，水溶液中にどのような化学種が存在できるのかを考えるうえで重要な課題である．

4.2.1　錯体の生成定数-全生成定数と逐次生成定数

　金属イオン M^{n+} と i 個の配位子 L が反応して錯体 ML_i ができる反応は，金属イオンと配位子の電荷を省略すると，

$$M + iL \xrightleftharpoons{\beta_i} ML_i \tag{4.4}$$

と書くことができる．錯体生成にかかる平衡定数は，一般に生成定数（formation constant）[*7] とよばれるが，このときの平衡定数 β_i は，特別に全生成定数といい，次のように表す．

$$\beta_i = \frac{[ML_i]}{[M][L]^i} \tag{4.5}$$

一方，

$$M + L \xrightleftharpoons{K_{f1}} ML \tag{4.6a}$$

$$ML + L \xrightleftharpoons{K_{f2}} ML_2 \tag{4.6b}$$

$$\vdots$$

$$ML_{i-1} + L \xrightleftharpoons{K_{fi}} ML_i \tag{4.6c}$$

の各段の反応に対応する平衡定数は，逐次生成定数といい，

$$K_{f1} = \frac{[ML]}{[M][L]} \tag{4.7a}$$

$$K_{f2} = \frac{[ML_2]}{[ML][L]} \tag{4.7b}$$

$$\vdots$$

$$K_{fi} = \frac{[ML_i]}{[ML_{i-1}][L]} \tag{4.7c}$$

となる．式(4.4)と式(4.6)を比較すれば，

$$\beta_i = K_{f1} K_{f2} \cdots K_{fi} \tag{4.8}$$

となることがわかる．

[*7]　安定度定数（stability constant）とよばれることもある．

■表4.2■　銅，鉄，コバルト錯体の錯生成定数

金属イオン	配位子	生成定数				金属イオン	配位子	生成定数			
		$\log K_{f1}$	$\log \beta_2$	$\log \beta_3$	$\log \beta_4$			$\log K_{f1}$	$\log \beta_2$	$\log \beta_3$	$\log \beta_4$
Cu^{2+}	Cl$^-$	0.1				Co^{2+}	Cl$^-$	−0.05			
	CN$^-$		16.3	21.6	23.1		NH$_3$	2.0	3.5	4.4	5.1
	NH$_3$	4.2	7.8	10.8	13.0		oxine*2	8.65			
	en*1	10.48	19.55				acac*3	5.2	9.4		
	oxine*2	12.1	23.0				edta*4	16.3			
	acac*3	8.2	14.8								
	edta*4	18.8									
Fe^{2+}	CN$^-$				$\beta_6 = 35.4$						
	en*1	4.34	7.66								
	oxine*2										
	acac*3	5.07	8.67								
	edta*4	14.3									
	phen*5		20.7								

*1：en＝エチレンジアミン（ethylenediamine）
*2：オキシン（oxine）
*3：acac＝アセチルアセトン（acetylacetone）
*4：edta＝エチレンジアミン4酢酸
　　　（ethylenediamine-tetraacetic acid）
*5：phen＝フェナントロリン（phenanthroline）

　錯体の生成定数は付表4にまとめたが，いくつかの金属イオンについて配位子との組み合わせを表4.2に示す．
　銅イオンとアンモニア分子の錯生成定数から，$\log K_{f1} = 4.2$，$\log K_{f2} = 3.6$，$\log K_{f3} = 3.0$，$\log K_{f4} = 2.2$ と計算することができ，逐次生成定数には $K_{f1} > K_{f2} > \cdots > K_{fn}$ の傾向があることがわかる．
　また，キレート化合物の生成定数は単独の配位子の安定度より大きい．たとえば，エチレンジアミンの亜鉛錯体の生成定数は 2.3×10^{10} であるが，相当するアンミン錯体の生成定数は 1.2×10^9 であり，20倍ほど大きい．キレート化合物を形成すると生成定数が大きくなることをキレート効果という．
　例題4.1に金属イオン濃度に比べて配位子濃度が大きい場合の計算を示した．例題4.1の場合は近似が使えるので計算が楽である．
　そうでない場合は近似が使えないため，計算は大変であるが，解くことは可能である．

例題 4.1

濃度 0.10 mol dm^{-3} の硝酸銀 $AgNO_3$ と濃度 1.00 mol dm^{-3} のアンモニア NH_3 を含む水溶液中での銀イオン Ag^+ の濃度を求めよ．

解答　銀イオンとアンモニアの錯生成反応は，

$$Ag^+ + 2NH_3 \rightleftharpoons Ag(NH_3)_2^+ \tag{4.9}$$

であり，この反応の平衡定数は，

$$\log \beta_2 = \log \left(\frac{[Ag(NH_3)_2^+]}{[Ag^+][NH_3]^2} \right) = 7.22 \tag{4.10}$$

である．アンモニアについての物質収支は，

$$2[Ag(NH_3)_2^+] + [NH_3] = 1.0 \text{ mol dm}^{-3} \tag{4.11}$$

である．また，銀イオンについての物質収支は，

$$[\text{Ag}(\text{NH}_3)_2{}^+]+[\text{Ag}^+]=0.1 \text{ mol dm}^{-3} \quad (4.12)$$

である．ここで，アンモニアは銀イオンと反応しても大量に残っている．したがって，

$$[\text{Ag}(\text{NH}_3)_2{}^+] \gg [\text{Ag}^+] \quad (4.13)$$

と仮定できるので，式(4.12)は，

$$[\text{Ag}(\text{NH}_3)_2{}^+]=0.1 \text{ mol dm}^{-3} \quad (4.14)$$

となり，簡単に解くことができる．結果として得られる値は次のようになる．

$$[\text{Ag}(\text{NH}_3)_2{}^+]=0.1 \text{ mol dm}^{-3}$$
$$[\text{NH}_3]=0.80 \text{ mol dm}^{-3}$$
$$[\text{Ag}^+]=9.4\times 10^{-9} \text{ mol dm}^{-3} \quad (4.15)$$

4.3 存在化学種の濃度依存性

金属イオン M^{n+} と配位子 L が共存する水溶液中での錯体の生成平衡を考える．M^{n+} は L と ML, ML_2, $\cdots$, ML_n のような錯体を生成するとする．すなわち，水溶液中には M, L, ML, ML_2, $\cdots$, ML_n などの化学種が存在する．それぞれの化学種の濃度はどうなっているのか考えてみる．

金属イオンの全濃度を c_M，配位子の全濃度を c_L とすると，質量均衡は金属イオンに対して，

$$c_M=[M]+[ML]+[ML_2]+\cdots+[ML_n] \quad (4.16)$$

となる．また，L に対しては

$$c_L=[L]+[ML]+2[ML_2]+3[ML_3]+\cdots+n[ML_n] \quad (4.17)$$

である．式(4.5)を使うと，

$$\begin{aligned}c_M &= [M]+K_{f1}[M][L]+\beta_2[M][L]^2 \\ &\quad +\cdots+\beta_n[M][L]^n \\ &= [M](1+K_{f1}[L]+\beta_2[L]^2+\cdots+\beta_n[L]^n)\end{aligned} \quad (4.18)$$

となる．すると，全金属イオン中，配位子と結合していない（アクア錯体）金属イオンの割合は，

$$\frac{[M]}{c_M}=\frac{1}{(1+K_{f1}[L]+\beta_2[L]^2+\cdots+\beta_n[L]^n)} \quad (4.19)$$

である．同様にして，錯体 ML, ML_2, $\cdots$, ML_n の割合は，それぞれ，

$$\frac{[ML]}{c_M}=\frac{K_{f1}[L]}{(1+K_{f1}[L]+\beta_2[L]^2+\cdots+\beta_n[L]^n)} \quad (4.20a)$$

$$\frac{[ML_2]}{c_M}=\frac{\beta_2[L]^2}{(1+K_{f1}[L]+\beta_2[L]^2+\cdots+\beta_n[L]^n)} \quad (4.20b)$$

$$\vdots$$

$$\frac{[ML_n]}{c_M}=\frac{\beta_n[L]^n}{(1+K_{f1}[L]+\beta_2[L]^2+\cdots+\beta_n[L]^n)} \quad (4.20c)$$

となる．これらの式は，全金属イオン濃度に対する各錯体の存在割合は，金属に配位していない配位子の濃度で決まることを示している．

例として，例題 4.1 で取り上げた銀イオン Ag^+ とアンモニア NH_3 の場合を考える．

例題 4.2

遊離アンモニアの濃度が 1.0×10^{-2} mol dm^{-3} と 1.0×10^{-5} mol dm^{-3} のときの銀イオン濃度 $[Ag^+]$ と銀アンミン錯イオン濃度 $[Ag(NH_3)_2^+]$ を求めよ．ただし銀イオンの総量を 0.010 mol dm^{-3} とする．

解答 式(4.19)と式(4.20b)を使う．銀アンミン錯イオンは，銀イオン1個当たり，アンモニア NH_3 分子が2個までしか配位しないので，生成定数は，

$\log K_{f1} = 3.31$

$\log \beta_2 = 7.22$

を考えればよい．このとき，式(4.19)と式(4.20b)は，次のようになる．

$$\frac{[M]}{c_M} = \frac{1}{1 + K_{f1}[L] + \beta_2 [L]^2} \tag{4.19}'$$

$$\frac{[ML_2]}{c_M} = \frac{\beta_2 [L]^2}{1 + K_{f1}[L] + \beta_2 [L]^2} \tag{4.20b}'$$

遊離アンモニア濃度が 1.0×10^{-2} mol dm^{-3} であれば，式(4.19)′ は，

$$\frac{[M]}{c_M} = \frac{1}{1 + 10^{3.31} \times 1.0 \times 10^{-2} + 10^{7.22} \times (1.0 \times 10^{-2})^2}$$

となるから，$\dfrac{[M]}{c_M} = 5.95 \times 10^{-4}$ である．よって，

$[Ag^+] = 5.95 \times 10^{-6}$ mol dm^{-3}

である．式(4.20b)′ の計算をすると，$\dfrac{[ML_2]}{c_M} = 0.987$ となるので，

$[Ag(NH_3)_2^+] = 9.87 \times 10^{-3}$ mol dm^{-3}

となる．遊離アンモニア濃度が大きい場合，ほとんどの銀イオンはアンミン錯体を生成していることがわかる．

遊離アンモニア濃度が 1.0×10^{-5} mol dm^{-3} のときは，

$[Ag^+] = 9.78 \times 10^{-3}$ mol dm^{-3}

$[Ag(NH_3)_2^+] = 1.62 \times 10^{-5}$ mol dm^{-3}

となり，この場合，ほとんどの銀イオンは錯生成していない．遊離アンモニア濃度によって，錯体の生成状況がまったく異なることがわかる．

4.4 pHの影響

金属錯体の生成にはいくつかの要因が影響する．本節では，金属錯体の生成に及ぼす水素イオン H^+ と水酸化物イオン OH^- の影響について説明する．

4.4.1 配位子に対する影響

金属イオンを水素イオンに置き換えて考えれば，配位子は弱塩基であることに気づく．水溶液中に配位子とともに水素イオンと金属イオンが存在すると，配位子は，図4.5に示したように，水素イ

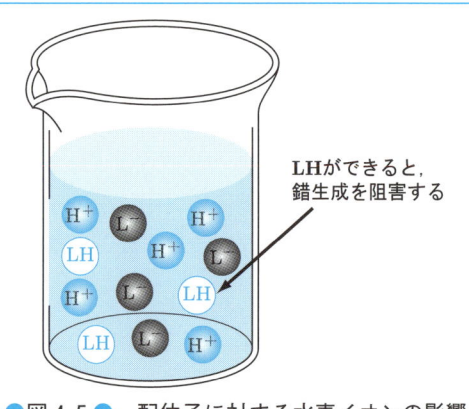

●図4.5● 配位子に対する水素イオンの影響

（LHができると，錯生成を阻害する）

オンと金属イオンの両者と結合しようとする．したがって，水素イオンが水溶液中に多量に存在すると錯生成の妨害となるので，水溶液のpHは錯体の生成に影響を及ぼす．

弱酸HLの共役塩基が配位子となって，金属イオンと錯体を作る場合を考える．たとえば，シアン化物イオンCN^-が金属イオンと錯体を作る場合である．シアン化ナトリウムNaCNを水溶液中に加えると，式(2.61)に示した加水分解反応によって，一部はシアン化物イオンとして，残りの一部はシアン化水素HCNとして存在する．錯生成反応にかかわるのはシアン化物イオンであり，シアン化水素は錯生成反応にはかかわることができない．

水溶液中に金属シアノ錯体が共存する場合，未反応のシアン化物イオンとシアン化水素が，どのような濃度割合で存在するかについては，2.4.3項で述べた弱酸の解離度αを考えればよい．

配位子は弱酸でHLと書くとすると，HLは水溶液中で解離して次式で示す平衡にある．

$$HL \rightleftharpoons H^+ + L^- \tag{4.21}$$

このとき，弱酸の解離度αは水素イオン濃度$[H^+]$に対して

$$\alpha = \frac{K_a}{K_a + [H^+]} \tag{2.47}$$

で表された．解離して生じたイオンL^-は金属イオンMと反応して錯体を生成するとする．

$$ML_{n-1} + L^- \rightleftharpoons ML_n$$

とすると，錯生成平衡定数K_{fn}は，

$$K_{fn} = \frac{[ML_n]}{[ML_{n-1}][L^-]} \tag{4.7}$$

である．L'を水溶液中の錯生成に関与していない配位子Lの総物質量とすると，

$$[L'] = [L^-] + [HL] \tag{4.22}$$

であるから，式(2.47)のαをつかって，K_{fn}は

$$K_{fn} = \frac{[ML_n]}{[ML_{n-1}][L']\alpha} \tag{4.23}$$

と書ける．ここで，副反応係数α_Sを式(2.47)の逆数

$$\alpha_S = \frac{1}{\alpha} = \frac{K_a + [H^+]}{K_a} \tag{4.24}$$

と定義すると，錯形成定数K_{fn}は，

$$K_{fn} = \frac{[ML_n]\alpha_S}{[ML_{n-1}][L']} \tag{4.25}$$

となる．

4.4.2 条件生成定数

条件生成定数とは，水溶液の状態によって変化した見かけの生成定数である．ここで条件生成定数K_f'を$[L']$に対して定義する．式(4.25)において条件生成定数K_{fn}'を

$$K_{fn}' = \frac{[ML_n]}{[ML_{n-1}][L']} \tag{4.26}$$

とすると，次のようになる．

$$K_{fn}' = \frac{K_{fn}}{\alpha_S} \tag{4.27}$$

水素イオン濃度が変化したときのK_{fn}'/K_{fn}比の変化を図4.6に示す．副反応係数α_Sは，溶液の水素イオン濃度が高くなるほど大きくなる．すなわち，水素イオン濃度が高くなると，式(4.21)で示した配位子の解離平衡が左側に移動し，化学種HLの存在割合が高くなる．その結果，見かけ上，錯体の生成定数K_{fn}'が小さくなる．

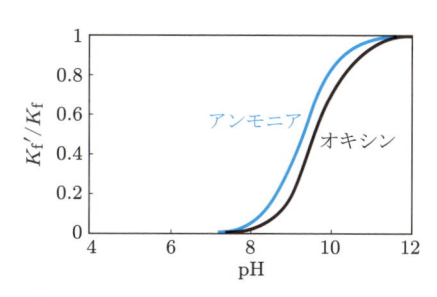

● 図4.6 ● 条件生成定数のpH依存性

4.4.3 水酸化物イオンの影響

前項では配位子に対する影響を考えたが，ここでは金属イオンに対する反応が錯形成に及ぼす影響について考える．

4.1節で述べたように，水酸化物イオンは配位

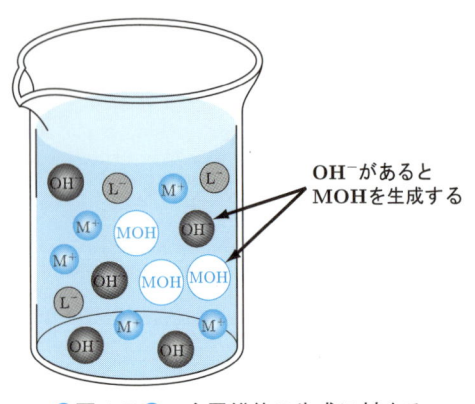

●図4.7● 金属錯体の生成に対する水酸化物イオンの影響

子となり得る．したがって，pHが高くなり水酸化物イオン濃度が大きくなると，図4.7に示すように，金属イオンは水酸化物イオンと反応し，ヒドロキソ錯体を生成する[*8]．

このため，pHが高い領域での配位子Lと金属イオンMの錯生成反応には，ヒドロキソ錯体の生成を考慮しなければならない．すなわち，錯生成反応

$$M + nL \rightleftharpoons ML_n \quad (4.28)$$

において，金属イオンは，次のように水酸化物イオンと反応する．

$$M + OH \rightleftharpoons MOH \quad (4.29a)$$
$$MOH + OH \rightleftharpoons M(OH)_2 \quad (4.29b)$$
$$\vdots$$
$$M(OH)_{m-1} + OH \rightleftharpoons M(OH)_m \quad (4.29c)$$

配位子と反応することができるのは水酸化物イオンと反応していない金属イオンであるので，ヒドロキソ錯体の生成は配位子との反応の妨害となる．

錯体と未反応の全金属イオン濃度 $[M']$ のうち，ヒドロキソ錯体を生成していない金属イオンの割合は，式(4.19)においてLを OH^- に置き換えて

$$\frac{[M]}{[M']} = \frac{1}{(1 + K_{f1}[OH^-] + \beta_2[OH^-]^2 + \cdots + \beta_m[OH^-]^m)} \quad (4.19)'$$

である．副反応係数を α_{MOH} と書くと，

$$\alpha_{MOH} = \frac{[M']}{[M]}$$
$$= (1 + K_{f1}[OH^-] + \beta_2[OH^-]^2 + \cdots + \beta_m[OH^-]^m) \quad (4.30)$$

である．条件生成定数を K_{fn}' とすると，

$$K_{fn}' = \frac{K_{fn}}{\alpha_{MOH}} \quad (4.31)$$

である．ヒドロキソ錯体の副反応係数は水酸化物イオン濃度の増加とともに大きくなるので，条件生成定数はpHの増加とともに小さくなる．アルミニウムイオン Al^{3+} とコバルトイオン Co^{2+} の両イオンについて，条件生成定数のpH依存性をプロットしたのが図4.8である[*9]．

アルミニウムイオンの水酸化物イオンとの生成定数は大きい（$\log K_{f1} = 9.0$）ので，水溶液中の水酸化物イオン濃度の影響を受けやすい．図4.8をみると，pH4付近から条件生成定数が下降し始め，pH6付近では非常に小さな値になることがわかる．一方，コバルトイオンは生成定数が小さい

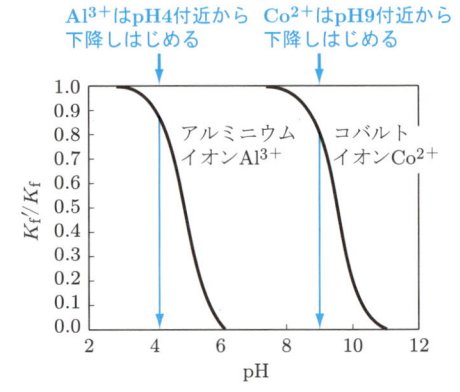

●図4.8● 水酸化物イオンを含む水溶液中での条件生成定数のpH依存性

[*8] 2種類以上の配位子が同時に金属イオンと結合する場合もあるが，ここでは考慮しない．
[*9] 第3章で述べた第3属イオンの分析では，水溶液のpHをアンモニアと塩化アンモニウム NH_4Cl からなる緩衝溶液で調製している．これは，pHが高すぎ，第4属イオンが水酸化物として沈殿するのを避けるためである．

($\log K_{fl} = 4.3$) ので，水酸化物イオン濃度の影響はpH9付近から始まる．

水酸化物イオンの影響を受けやすい金属イオンとしては，上記のほか鉄(Ⅲ)イオン Fe^{3+} がある．これらの金属イオンは，pHがかなり低い条件でも水酸化物として沈殿するので，これらのイオンを含む水溶液の調製には十分注意しなければならない．

4.5 金属指示薬とキレート滴定

金属イオンのキレート生成を利用した滴定法をキレート滴定とよぶ．この方法は，あらかじめある配位子で錯生成させ，発色させた目的金属イオンを含む溶液に，ほかの，より生成定数の大きな配位子を加え，新たなキレート試薬と錯生成をさせることによって生じる溶液の色の変化を検知して分析する方法である[*10]．

4.5.1 キレート滴定と金属指示薬

キレート滴定では，あらかじめ式(4.32)によって金属イオンをキレート化合物などと反応させ，金属イオンに有色の錯体を生成させておく．次に，式(4.33)に示す別のキレート試薬（ここではedta）を加えることによって，水溶液の色を変化させ，金属イオンの定量を行う．

$$M^{n+} + iL^- \rightleftharpoons [ML_i]^{n-i} \quad (4.32)$$

はじめに，定量したい金属イオンを含む水溶液に，金属イオンを発色させる配位子を加える．ここで使用される配位子を金属指示薬とよぶ．金属指示薬には，金属イオンと結合しているときと，結合していないときで水溶液の色が異なる特性が求められる．よく使用される金属指示薬の例を表4.3に示す．

次に，水溶液に別の配位子を加える．加えられる配位子には大きな錯生成定数が求められるので，キレート試薬を用いる．加えられたキレート試薬と金属イオンとの錯体の生成定数が，金属指示薬との生成定数より大きければ，金属指示薬と金属イオンの錯体は解離し，水溶液の色が変化する．

キレート試薬にはエチレンジアミン4酢酸(edta)が用いられることが多い．edtaは，(HOOCCH$_2$)$_2$NCH$_2$CH$_2$N(CH$_2$COOH)$_2$ の構造式で表される4塩基酸である．edtaは，金属と6座配位子で多くの金属イオンと1：1錯体を生成する（図4.9参照）．

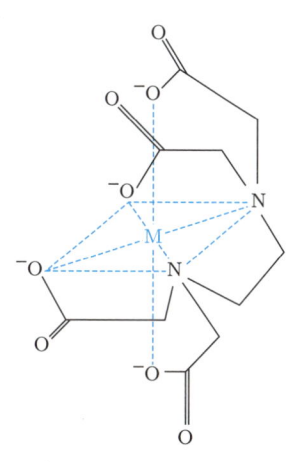

●図4.9● 金属イオンとedtaから作られる錯体

■表4.3■ 金属指示薬の例

金属指示薬名	適用pH	指示薬の色 （金属キレートの色）	適用金属イオン
エリオクロムブラックT（BT）	7～11	青（赤）	Ca, Mg, Zn, Cd など
2-オキシ-1-(2'オキシ-4'スルホ-1'-ナフチルアゾ)-3-ナフトエ酸（NN）	12～13	青（赤）	Ca
1-ピリジルアゾ-2-ナフトール（PAN）	3～10	黄（赤～赤紫）	Cu, Zn, Cd, Ni, Bi

[*10] 水の硬度の測定などに使われている．水の総硬度の測定では，金属指示薬にエリオクロムブラックTが使われ，アンモニア-塩化アンモニウム緩衝液によりpH10.7で滴定が行われる．

よって，キレート生成反応式は

$$M^{n+} + \text{edta}^{4-} \rightleftharpoons \text{Medta}^{(4-n)-} \quad (4.33)$$

である．edta は，4価の負電荷をもって金属イオンと錯生成するので，生じた錯体はほとんど負の電荷をもち，水溶性である．また，また，edta との錯生成定数は非常に大きい．

キレート試薬として edta を使うと，金属指示薬と錯体を生成していた金属イオンは配位子置換反応により edta 錯体を生成する．

$$ML_m^{n-m} + \text{edta}^{4-} \rightleftharpoons \text{Medta}^{n-4} + mL^- \quad (4.34)$$

edta 錯体は無色であるので，edta を加えることによって水溶液の色が金属指示薬と金属イオンとで形成される錯体の色が薄められ，当量点では金属指示薬の色になることで滴定終点を決定する．

4.5.2 キレート滴定における平衡

キレート滴定で起きている反応をもう少し詳しくみてみる．edta は弱酸なので，解離平衡が存在する．すなわち，次のようになる．

$$\text{edtaH}_4 \xrightleftharpoons{K_{a1}} \text{edtaH}_3^- + H^+ \quad (4.35a)$$

$$\text{edtaH}_3^- \xrightleftharpoons{K_{a2}} \text{edtaH}_2^{2-} + H^+ \quad (4.35b)$$

$$\text{edtaH}_2^{2-} \xrightleftharpoons{K_{a3}} \text{edtaH}^{3-} + H^+ \quad (4.35c)$$

$$\text{edtaH}^{3-} \xrightleftharpoons{K_{a4}} \text{edta}^{4-} + H^+ \quad (4.35d)$$

このうち，キレート形成に関与するのは edta^{4-} なので，副反応係数 α_s は，

$$\alpha_s = 1 + \frac{[H^+]}{K_{a4}} + \frac{[H^+]^2}{K_{a3}K_{a4}} + \frac{[H^+]^3}{K_{a2}K_{a3}K_{a4}} + \frac{[H^+]^4}{K_{a1}K_{a2}K_{a3}K_{a4}} \quad (4.36)$$

であり，条件生成定数 K_f' は，次のようになる．

$$K_f' = \frac{K_f}{\alpha_s} \quad (4.37)$$

edta の副反応係数の pH 依存性を図 4.10 に示す．副反応係数は，pH が大きくなるとともに小さくなることがわかる．図 4.11 に示したように，条件生成定数は pH が低い領域では小さくなるため，キレート滴定は高い pH 領域で行わなければならない．ただし，あまり pH が大きくなると，金属イオンと水酸化物イオンとの錯生成が起こるので注意を要する．

条件生成定数が滴定に及ぼす影響を図 4.12 に示す．図 4.12 では，金属イオンの初濃度を c_M^0，滴定液中の edta の濃度を c_L^0 として，$c_M^0 = c_L^0$ として計算した．また，それぞれの体積を V_M と V_L とし，滴定率 $f = c_L^0 V_L / c_M^0 V_M$ として計算した．

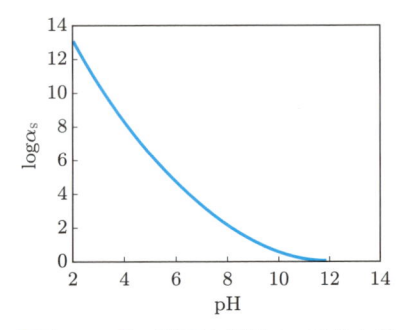

●図 4.10 ● 副反応係数の pH 依存性

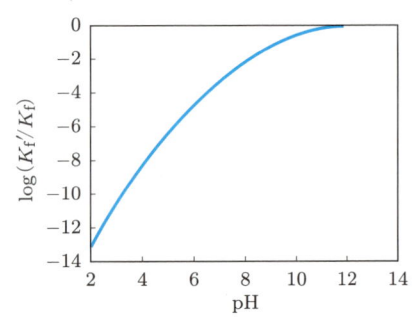

●図 4.11 ● 条件生成定数の pH 依存性

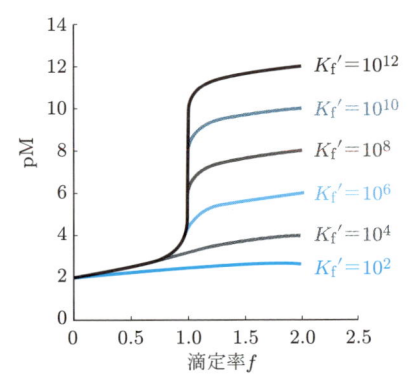

●図 4.12 ● キレート滴定に及ぼす生成定数の影響

条件生成定数が小さいときは当量点での濃度変化が小さく，滴定終点の検出が困難であることがわかる．

4.6 錯生成による沈殿の溶解

金属イオンの錯生成は，金属イオンの沈殿生成にも影響を及ぼす．たとえば，塩化銀 AgCl の沈殿が存在する水溶液にアンモニア NH_3 を加えると，塩化銀の沈殿が溶解する（図 4.13 参照）．これは，アンモニアが沈殿している塩化銀と反応するためである．すなわち，銀イオン Ag^+ がアンモニアと錯イオンを生成することによって，水溶液中の遊離銀イオンの濃度が低下し，塩化銀のイオン積 $[Ag^+][Cl^-]$ が溶解度積以下になるためである．

塩化銀とアンモニアの反応をもう少し詳しく検討する．

塩化銀の溶解度積は，

$$[Ag^+][Cl^-] = 1.78 \times 10^{-10} \quad (4.38)$$

である．一方，銀 Ag のアンミン錯体の生成定数は，

$$\beta_2 = \frac{[Ag(NH_3)_2^+]}{[Ag^+][NH_3]^2} = 10^{7.22} \quad (4.39)$$

である．銀イオン 0.010 mol，アンモニア 1.00 mol，塩化物イオン Cl^- 0.010 mol を溶解して，1.0 dm^3 の水溶液とする．錯生成平衡は，

$$Ag^+ + 2NH_3 \rightleftharpoons Ag(NH_3)_2^+ \quad (4.40)$$

であり，銀イオンの質量均衡は，

$$c_{Ag} = [Ag^+] + [Ag(NH_3)_2^+] \quad (4.41)$$

であるが，アンモニアは銀イオンより過剰に存在するので，次のように近似できる．

$$[Ag(NH_3)_2^+] = 0.010 \text{ mol dm}^{-3} \quad (4.42)$$
$$[NH_3] = 0.98 \text{ mol dm}^{-3} \quad (4.43)$$

よって，式(4.39)を使って計算すると，銀イオン濃度は

$$[Ag^+] = 6.27 \times 10^{-10} \text{ mol dm}^{-3} \quad (4.44)$$

となる．

アンモニアが存在しない場合，銀イオン濃度は

$$[Ag^+] = 0.010 \text{ mol dm}^{-3} \quad (4.45)$$

であるので，

$$[Ag^+][Cl^-] = 1.0 \times 10^{-4}$$
$$\gg 1.78 \times 10^{-10} \text{ mol dm}^{-3} \quad (4.46)$$

となり，溶解度積よりも大きくなるため沈殿を生成するが，アンモニアが存在すると，

$$[Ag^+][Cl^-] = 6.27 \times 10^{-12}$$
$$< 1.78 \times 10^{-10} \text{ mol dm}^{-3} \quad (4.47)$$

のように溶解度積より小さくなるので，沈殿を生成しない．すなわち，生じた沈殿はアンモニアを加えることによって再度溶解することになる．

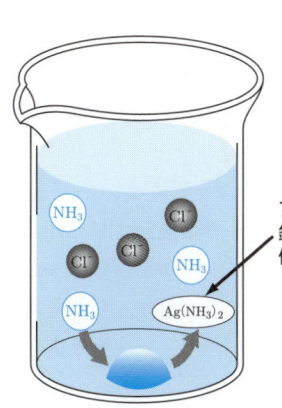

● 図 4.13 ● アンモニアによる塩化銀沈殿の溶解

> **例題 4.3** 0.010 mol の塩化銀 AgCl を溶解するのに必要なアンモニア NH_3 の量を求めよ．ただし，水溶液の体積は 1.0 dm^3 とする．

解答 0.010 mol の沈殿が溶解するので，最終的な水溶液における塩化物イオン濃度 $[Cl^-]$ は，

$$[Cl^-] = 0.010 \text{ mol dm}^{-3}$$

である．よって，溶解度積から銀イオン濃度 $[Ag^+]$ は，

$$[Ag^+] = 1.78 \times 10^{-8} \text{ mol dm}^{-3}$$

以下である必要がある．この銀イオン濃度にするためのアンモニア濃度 $[NH_3]$ は，式(4.39)において，式(4.42)が成立している場合であるから，

$$[NH_3] = 1.84 \times 10^{-1} \text{ mol dm}^{-3}$$

となる．よって，必要なアンモニアの量は次のように計算できる．

$$1.84 \times 10^{-1} \text{ mol} + 1.0 \times 10^{-2} \text{ mol} \times 2 = 2.04 \times 10^{-1} \text{ mol}$$

Coffee Break

水垢の洗浄にはクエン酸がよい

ヤカンや瓶を長く使っていると，内側に白い汚れがつくことがある．これが水垢である．水垢の主成分は炭酸カルシウムイオンである．炭酸カルシウム $CaCO_3$ は難溶性であるため，長い間ヤカンなどを使っていると，水の中に溶けている炭酸カルシウムイオンが沈殿し水垢となる．このようなヤカンに水をはり，クエン酸 $C_6H_8O_7$ を混合すると，白い汚れはきれいにとれる．これは，クエン酸とカルシウムイオン Ca^{2+} が錯体を形成し，水に溶けやすくなったためである．

演・習・問・題・4

4.1 初濃度が次の値の水溶液について，錯生成していない金属イオンの濃度を求めよ．

(1) エチレンジアミン $H_2NCH_2CH_2NH_2$ 1.00 mol dm^{-3} の水溶液 1.00 dm^3 に硝酸銀 $AgNO_3$ 0.10 mol を加えた．ただし，$\log\beta_2 = 7.7$ とする．

(2) 濃度 1.00 mol dm^{-3} のシアン化物イオン CN^- 水溶液 1.00 dm^3 に硝酸鉄(II) $Fe(NO_3)_2$ 0.0020 mol を加えた．

(3) 濃度 1.00 mol dm^{-3} のシュウ酸イオン $C_2O_4^{2-}$ 水溶液 0.500 dm^3 に硝酸銅(II) $Cu(NO_3)_2$ 0.010 mol を加えた．

(4) 濃度 1.00 mol dm^{-3} の $edta^{4-}$ 水溶液 0.100 dm^3 に硝酸マンガン $Mn(NO_3)_2$ 0.010 mol を加えた．

4.2 未反応のアンモニア濃度 $[NH_3]$ が 1.0×10^{-1} mol dm^{-3}, 1.0×10^{-3} mol dm^{-3}, 1.0×10^{-5} mol dm^{-3}, 1.0×10^{-7} mol dm^{-3} と変化したときの遊離コバルト(II)イオン Co^{2+} とコバルト(II)アンミン錯イオン $Co(NH_3)_n^{2+}$ ($n=1 \sim 6$) の濃度を求めよ．ただし，コバルト(II)イオン総量を 0.010 mol dm^{-3} とする．

4.3 pH が $2.00, 5.00, 8.00$ であるとき，シュウ酸亜鉛錯体 $Zn(C_2O_4)_n^{(2n-2)-}$ ($n=1 \sim 2$) の条件生成定数を求めよ．

4.4 水酸化物イオン OH^- の濃度が 1.0×10^{-1} mol dm^{-3}, 1.0×10^{-5} mol dm^{-3}, 1.0×10^{-9} mol dm^{-3}, 1.0×10^{-13} mol dm^{-3} と変化したときの，Fe^{3+} 錯体の副反応係数を求めよ．

4.5 0.0010 mol dm^{-3} のカルシウムイオン Ca^{2+} を含む水溶液 100 cm^3 を edta で錯滴定する．edta の濃度を 0.0010 mol dm^{-3} とし，水溶液の pH を 11.00 に固定したとする．edta 溶液を，それぞれ次の(1)〜(4)加えたときの錯生成していないカルシウムイオンの濃度を求めよ．

(1) 50 cm^3 (2) 99 cm^3 (3) 100 cm^3 (4) 101 cm^3

4.6 0.010 mol のクロム酸銀 Ag_2CrO_4 と 1.0 mol のアンモニア NH_3 を溶解して 1.0 dm^3 とした水溶液ではクロム酸銀は沈殿するか．

第5章
溶媒抽出

特定の化合物や元素を試料から純粋な形で取り出す「分離」も分析化学の重要な役割である．

互いに交じりあわない水相と有機相の2相が共存する容器に溶質を入れると，溶質は両相の間で平衡となる．2液相間における溶質の分配の差異によって，成分を分離する方法が溶媒抽出法である．この方法は，目的成分を濃縮したり，妨害物質を取り除いたりするために用いられている．

KEY WORD

2相間分配平衡　　分配定数　　分配比　　抽出百分率　　有機酸　　金属錯体

5.1　2相間分配平衡と溶媒抽出

二つの交じりあわない液層が同時に存在する系に溶質Sを加えると，溶質は両相に分配し平衡となる（分配平衡）．2液相間における溶質の分配の模式図を図5.1に示す．

はじめに，分配平衡を記述するための三つの定数である，分配定数，分配比，抽出百分率を定義する．

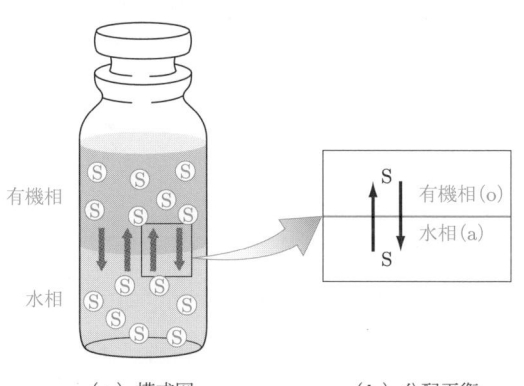

(a) 分配定数

2液相間で平衡となった溶質Sの水相の濃度を$[S]_a$，有機相の濃度を$[S]_o$とすると，分配定数K_Dは，

$$K_D = \frac{[S]_o}{[S]_a} \tag{5.1}$$

と表され，両相の濃度が小さいときには近似的に定数である．

(b) 分配比

式(5.1)が成立するのは，単一の化学種が分配する場合である．多くの場合は単一の化学種ではなく，いくつかの化学種の平衡がかかわっている．

●図5.1●　2液相間での溶質Sの分配
（a）模式図　　（b）分配平衡

そのような場合でも，実際に分配にかかわっている個々の化学種は分配定数が成立するが，全体としては分配定数を使えない．このようなときは，**分配比** D を定義する．c_o, c_a をそれぞれ有機相中と水相中に存在する溶質の全濃度とすると，分配比 D は次のように表される．

$$D = \frac{c_o}{c_a} \tag{5.2}$$

(c) 抽出百分率

分配定数や分配比は，2相間のどちらに溶質が分配されやすいかを知るには都合がよいが，必要な成分がどれだけ抽出されたかを知るには適さない．そこで，より直接的に理解できる指標として**抽出百分率** $E(\%)$ が定義された．ここで，抽出百分率は，両相に存在する溶質の全量のうち何%が有機相中に抽出されたかを表す量であり，次のように定義される．

$$E(\%) = \frac{c_o V_o}{c_o V_o + c_a V_a} \times 100 \tag{5.3}$$

ここで，V_o, V_a は有機相と水相の体積である．分配比 D を使うと，$E(\%)$ は次のようになる．

$$E(\%) = \frac{D}{D + \dfrac{V_a}{V_o}} \times 100 \tag{5.4}$$

式(5.4)から，$V_a = V_o$ で $D=1$ なら $E(\%)=50\%$ となり，半分だけ抽出されることがわかる．また，V_o を V_a に対して大きくとるほど $E(\%)$ が大きくなることがわかる[*1]．

例題 5.1 有機相の体積が $10\,\mathrm{cm}^3$，水相の体積が $50\,\mathrm{cm}^3$ である物質を抽出したとき，抽出百分率 $E(\%)$ が 50% であった．この物質の分配比と分配定数を計算せよ．

解答 式(5.4)を変形し，$E = \dfrac{E(\%)}{100}$ とおくと，

$$D = \frac{\dfrac{V_a E}{V_o}}{1-E} = \frac{\dfrac{0.05 \times 0.5}{0.01}}{1-0.5}$$

より，分配比 D は 5.0 となる．
分配にかかわる化学種が1種類で分配平衡以外の平衡がかかわっていなければ，

$$D = K_D$$

である．溶液の水素イオン濃度の変化によって分配化学種の濃度が変化する場合については，5.2節を参照してほしい．

例題 5.2 次の問に答えよ．
(1) 例題5.1と同じ系で有機相の体積を $2\,\mathrm{cm}^3$ としたときの抽出百分率 $E(\%)$ を求めよ．
(2) (1)の操作を5回繰り返したときの $E(\%)$ を求めよ．

解答 (1) 例題5.1と同じ系なので，分配比 D は変わらず，次のようになる．

$$D = 5$$

すると，抽出百分率 $E(\%)$ は式(5.4)から，

$$E(\%) = \frac{5}{5 + \dfrac{0.05}{0.002}} \times 100 = 16.7\%$$

となるので，1回の操作で溶質の 16.7% が抽出され，83.3% が水溶液中に残ることになる．
(2) 5回繰り返すので，最終的に水溶液中に残る溶質は，

$$(0.833)^5 \times 100 = 40\%$$

となり，40% が水溶液に残る．したがって，抽出された溶質の総量は 60% である．

この結果は，抽出溶媒の体積が一定ならば，1回で抽出するよりも，数回に分けて抽出するほうが抽出率が向上することを示している．

5.2 有機酸の分配

5.1 節で取り上げた二つの例題では，基本的には副反応がないので取り扱いは簡単である．しかし，有機酸のように水相中で解離反応をともなう溶質の分配は，少し複雑になる．

弱酸である有機酸 HA が，2 液相間を分配している場合に成り立っている平衡は，図5.2のように考えることができる．

すなわち，有機酸は水相中で次にように解離をしている．

$$HA \underset{}{\overset{K_a}{\rightleftharpoons}} H^+ + A^- \tag{2.27}$$

このとき，酸解離定数 K_a は次のようになる．

$$K_a = \frac{[H^+][A^-]}{[HA]} \tag{2.28}$$

有機相と水相で分配することのできる化学種は HA だけであるとすると，分配平衡は

$$HA(a) \rightleftharpoons HA(o) \tag{5.5}$$

であり，HA の分配定数 K_D は次のようになる．

$$K_D = \frac{[HA]_o}{[HA]_a} \tag{5.6}$$

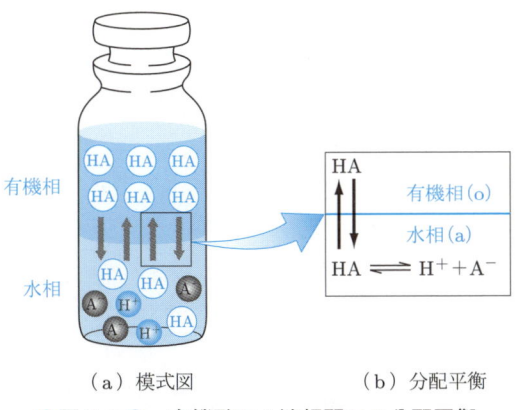

HA の解離で生じた共役塩基 A^- は有機相に分配しないので，水相中には HA と A^- が存在する．このとき，分配比 D は，

$$D = \frac{[HA]_o}{[HA]_a + [A^-]_a} \tag{5.7}$$

となる．これらの式から，分配比 D は次のようになる．

$$D = \frac{K_D}{1 + \dfrac{K_a}{[H^+]}} \tag{5.8}$$

この式は，水相中の水素イオン濃度 $[H^+]$ が大きいほど分配比が大きくなることを示している．すなわち，水素イオン濃度が大きくなると有機酸の解離が阻止され，非解離の化学種 HA が増えるのである．

式(5.8)から明らかなように，$K_a = [H^+]$ にお

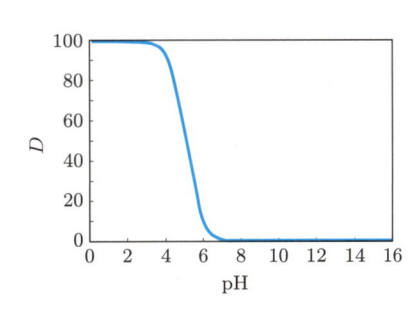

(a) 模式図　　　(b) 分配平衡

●図5.2● 有機酸の2液相間での分配平衡

(a) 分配比のpH依存性

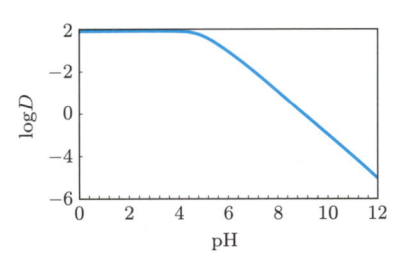

(b) 対数で表した分配比 $\log D$ のpH依存性

●図5.3● 有機酸の分配比に及ぼすpHの影響

---

*1　実験室でビーカーなどを洗浄する場合も，大量の水で1回洗浄するよりも，少量の水で多数回に分けて洗浄するほうがきれいになる理屈である．違いのほうが大きいので，通常は生成定数の違いを利用して分離する．

いて D は $K_D/2$ になる.

K_D を 100, pK_a を 5.0 としたとき, D が pH によってどのように変化するかを図 5.3 に示した. 図 5.3 (a) は, 縦軸を D の値, 同図 (b) は D の対数値 ($\log D$) でプロットしたものである. 図 5.3 (a) では, pH 5 付近で D の値が大きく変化しており, pH 6 以上の領域では変化が小さいようにみえる.

一方, 図 5.3 (b) では pH 5 付近から $\log D$ の値が減少し始めるが, pH が高い領域では $\log D$ は pH に対して常に一定の減少を示す. いずれの図も $[H^+]$ によって分配比がどのように変化するかがよくわかるが, 広い pH 範囲での変化を問題にする場合は, 図 5.3 (b) がより好ましいことがわかる.

例題 5.3 水溶液の pH が 3.00 と 9.00 のときのプロピオン酸の分配比を計算せよ. プロピオン酸の分配定数 K_D は 76 とする.

解答 付表 2 より, $K_a = 2.19 \times 10^{-5}$ である. 式 (5.8) を使って分配比 D を計算すると, 次のようになる.

$$D = \frac{76}{1 + \dfrac{2.19 \times 10^{-5}}{[H^+]}}$$

この式に水素イオン濃度を代入して計算すると,

pH = 3.00 のとき　$D = 74.4$

pH = 9.00 のとき　$D = 3.5 \times 10^{-3}$

となり, pH が 3.00 のときはプロピオン酸を抽出できるが, 9.00 になると解離が進行し, 有機相に抽出されなくなることがわかる.

なお, カルボン酸は有機相中で 2 量体を作っているが, ここでは簡単のために 2 量体の生成は無視した.

5.3 金属錯体の分配平衡と金属イオンの分離

5.3.1 金属錯体の分配平衡

電荷をもっている金属イオンは有機溶媒には溶けないので, そのままでは溶媒抽出はできない. しかし, 金属イオンを含む水溶液に適当な配位子を加え, 無電荷の金属錯体とすると有機溶媒に抽出できるようになる. この方法は金属イオンの分離に使われている.

たとえば, n 価の金属イオン M と 1 価の負イオンの配位子 L を反応させて抽出する場合は, 図 5.4 のようになる.

ここで, 試薬濃度は金属イオン濃度に比べて十分に大きく, 中間錯体の生成が無視できるものとする. 成り立っている全体の平衡は,

$$M^{n+}(a) + nHL(o) \xrightleftharpoons{K_{ex}} nH^+ + ML_n(o) \quad (5.9)$$

であり, このとき平衡定数 K_{ex} は,

$$K_{ex} = \frac{[ML_n]_o [H^+]^n}{[M^{n+}]_a [HL]_o^n} \quad (5.10)$$

である. この溶媒抽出系に含まれる平衡は次の 4 種類である.

① 金属イオンと配位子との錯形成平衡

$$M^{n+} + nL^- \xrightleftharpoons{\beta_n} ML_n \quad (4.4)$$

② 生成した錯体の水相と有機相の間での溶媒抽出平衡

$$ML_n(a) \xrightleftharpoons{K_{DC}} ML_n(o) \quad (5.11)$$

③ 水相中で起こる配位子の解離平衡

(a) 模式図

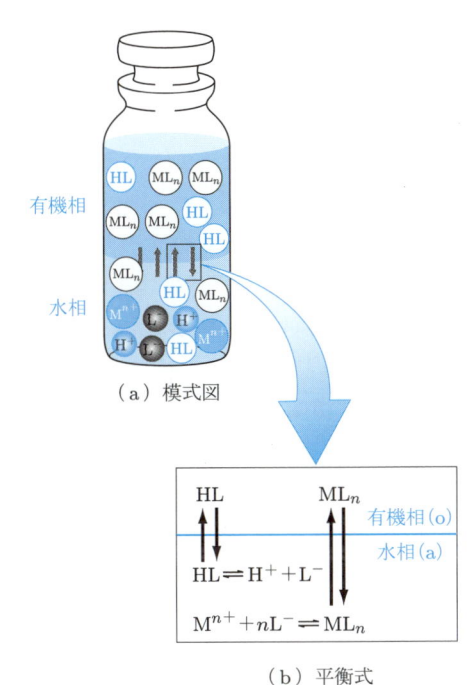

(b) 平衡式

●図5.4● 金属錯体の溶媒抽出

$$HL \xrightleftharpoons{K_a} H^+ + L^- \tag{2.27}'$$

④ 非解離配位子の2相間での分配平衡

$$HL(a) \xrightleftharpoons{K_{DL}} HL(o) \tag{5.5}$$

①から④の平衡に対応する平衡定数は

①′ $\beta_n = \dfrac{[ML_n]}{[M^{n+}][L^-]^n}$ (4.5)

②′ $K_{DC} = \dfrac{[ML_n]_o}{[ML_n]_a}$ (5.12)

③′ $K_a = \dfrac{[H^+][L^-]}{[HL]}$ (2.28)′

④′ $K_{DL} = \dfrac{[HL]_o}{[HL]_a}$ (5.6)

である．これらを組み合わせると，全体の平衡定数 K_{ex} は，

$$K_{ex} = K_{DC} K_a^n \dfrac{\beta_n}{K_{DL}^n} \tag{5.13}$$

と書き直すことができる．

金属イオンの分配比 D は，中間錯体の生成を無視したので，

$$D = \dfrac{[ML_n]_o}{[M^{n+}]_a + [ML_n]_a} \tag{5.14}$$

である．錯体 ML_n が水に難溶性であるなら[*2] $[M^{n+}]_a > [ML_n]_a$ であるので，分母の第2項は無視できるから，D は簡単に，

$$D = \dfrac{[ML_n]_o}{[M^{n+}]_a} \tag{5.15}$$

となる．式(5.10)から，D は次のようになる．

$$D = K_{ex} \dfrac{[HL]_o^n}{[H^+]^n} \tag{5.16}$$

式(5.16)は，分配比 D が有機相中の配位子濃度の増大とともに大きくなることを示している．また，水相中の $[H^+]$ が小さくなっても（すなわち pH が大きくなる）D は大きくなり，金属イオンの抽出が向上することがわかる．

式(5.16)の両辺の対数をとると

$$\begin{aligned}\log D &= \log K_{ex} + n \log [HL]_o - n \log [H^+] \\ &= \log K_{ex} + n \log [HL]_o + n\text{pH}\end{aligned} \tag{5.17}$$

となる．式(5.17)は，図5.5に示すように，$[HL]_o$ が一定なら $\log D$ 対 pH の図は傾き n の直線になり，pH が一定なら $\log D$ 対 $[HL]_o$ の図も傾き n の直線になることを示している（図5.6参照）．または，$\log D$ 対 pH の図と $\log D$ 対 $[HL]_o$ の図を

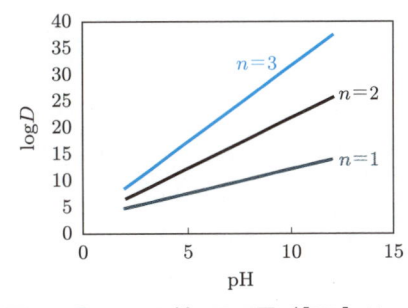

●図5.5● $\log D$ 対 pH の図（$[HL]_o$ は一定）

[*2] 水に難溶性の錯体を形成する配位子を選ぶのが普通である．

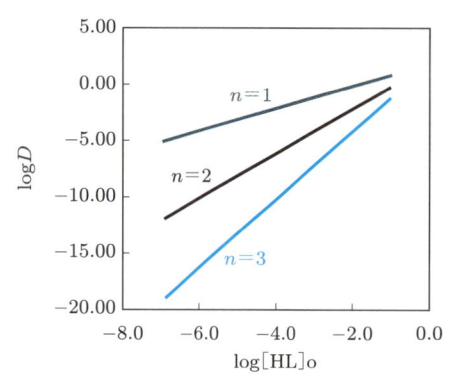

●図5.6● $\log D$ 対 [HL] の図（pHは一定）

書き，傾きが n であれば，先の仮定が成立し，ML_n なる組成の錯体が抽出されていることを示している．

5.3.2 溶媒抽出による金属イオンの分離

溶媒抽出で金属イオンを分別することができる．概念図を図5.7に示す．同図（a）では，水相中に2種類の金属イオンが混合している．有機相に配位子Lを混合することにより，同図（b）のように有機相中に金属イオン M_1，水相中に金属イオン M_2 とすることにより，金属イオン M_1 と M_2 を分離することが目的である．

『分離された』とはどういうことかを考えてみる．初期状態では2種類の金属イオンが混合しているとする．一方の金属イオンの抽出率が99％で，もう一方は0.01％しか抽出されないとき，2種類の金属イオンは『分離された』という．有機相と水相の体積が等しいとき，この条件を満たすためには，抽出される金属イオンの分配比が一方は式(5.4)から $D=99$ 以上，もう一方は $D=0.01$ 以下となればよい．対数表示では，分配比 $\log D$ に4以上の差があれば，2種類の金属は分離可能ということになる．

それでは，2種類の金属イオンの分配比 $\log D$ の差を4以上にするにはどうすればよいかを考えてみる．

金属錯体の分配比 D は式(5.17)で与えられるが，有機相中の配位子濃度 $[HL]_o$ とpHは共通である．$n=2$，$[HL]_o=1.0\times10^{-3}\,\mathrm{mol\,dm^{-3}}$ として，さまざまな平衡定数 K_{ex} についてpHを変化させて分配比を計算した結果が図5.8である．

図5.8から，$\log K_{ex}$ に4以上の差があれば，2種類の金属イオンは分離されることになる．K_{ex} は式(5.13)で表されるが，式(5.13)において，金属イオンに固有の値は錯体の生成定数と金属錯体の分配定数である．そのため，配位子を使った金属イオンの分別はこれらの因子によって支配されることになり，生成定数と分配定数に大きな差のある配位子を選択すればよいことになる[*4]．

（a）初期状態　　（b）錯体抽出による分離

●図5.7● 溶媒抽出による金属イオンの分離[*3]

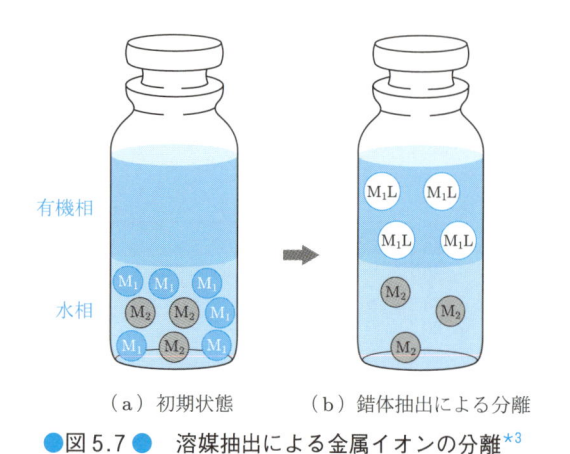

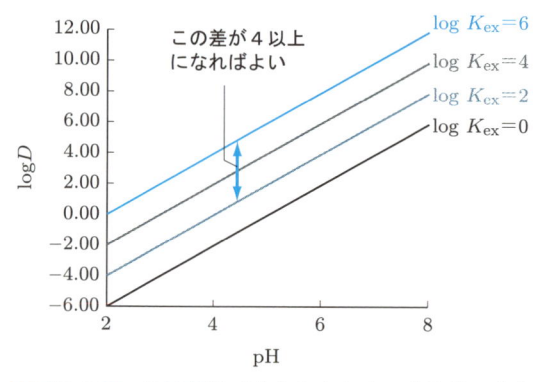

●図5.8● 分配係数が変化したときの分配比の変化

[*3] 簡略化のため，金属イオンの電荷と配位数を無視した．
[*4] 金属錯体の分配定数よりも生成定数の違いのほうが大きいので，通常は生成定数の違いを利用して分離する．

Coffee Break

使わなくなった携帯電話機からの貴金属回収

携帯電話機は技術の結晶であり，外からは見えないが，部品に貴金属が使用されている．貴金属は資源が限られているため，使われなくなった携帯電話機から貴金属の回収が行われている．

回収操作では，まず携帯電話機の部品から溶媒抽出法により貴金属イオンを有機溶媒に抽出したあと，水溶液のpHなどを変化させ，必要な貴金属を再度水溶液中に抽出する方法（これを逆抽出という）がとられている．

携帯電話機には，1トン当たり金が400 gも含まれているといわれている．金鉱山の鉱石からは，せいぜい1トン当たり数グラムしかとれないので，これは大変な量である．そのため，携帯電話機などのIT関連廃材は都市鉱山とよばれ，新たな資源として注目されている．

演・習・問・題・5

5.1 ある物質Aを $0.100\ \mathrm{mol\ dm^{-3}}$ の濃度で含む水溶液がある．この水溶液からAを有機相に抽出したところ，10%のAが抽出された．有機相と水相の体積が同じであるとき，分配比と分配定数を求めよ．

5.2 ある物質Bの水相と有機相間での分配定数が158であった．
(1) 濃度 $0.010\ \mathrm{mol\ dm^{-3}}$ のB水溶液 $0.10\ \mathrm{dm^3}$ と有機溶媒 $0.010\ \mathrm{dm^3}$ とを振り混ぜる．平衡状態に達したとき，有機相にあるBの濃度はいくらか．また，有機相にあるBは何%か．
(2) $0.0050\ \mathrm{dm^3}$ ずつ2回抽出操作をして，水相から有機相に抽出されるBの総量は何%か．

5.3 酸解離定数が 5.0×10^{-5} の1塩基弱酸がある．
(1) 水溶液のpHが4.00であったとき，10%が抽出された．弱酸の分配定数はいくらか．ただし，有機相と水相の体積は等しいとする．
(2) pHを8.00としたときの分配比はいくらになるか．

5.4 ある1塩基弱酸の抽出百分率 $E(\%)$ を測定したところ，次のデータを得た．ただし，有機相と水相の体積はいずれも $10.0\ \mathrm{cm^3}$ とする．

pH	$E\,(\%)$	pH	$E\,(\%)$
4.00	83	6.00	46
5.00	77	6.50	23
5.50	66	7.00	9

(1) 各pHにおける分配比 D を求めよ．
(2) 横軸を $1/[\mathrm{H^+}]$，縦軸を $1/D$ の図を描け．
(3) 図の切片から分配定数を，傾きから酸解離定数を求めよ．

5.5 濃度 $5.0 \times 10^{-5}\ \mathrm{mol\ dm^{-3}}$ の2価金属イオンを，アセチルアセトン $\mathrm{CH_3COCH_2COCH_3}$ と錯体を作ることによって有機溶媒に抽出したい．水相と有機相の体積は同じとする．
(1) 1段の抽出で99%以上の抽出を得るには，平衡定数 K_{ex} がいくら以上必要か．ただし，水相中へのアセチルアセトンの分配は無視できるものとする．また，有機相でのアセチルアセトン濃度を $1.00 \times 10^{-3}\ \mathrm{mol\ dm^{-3}}$ とし，pHを5.00とする．
(2) (1)と同じ条件で抽出率が1%以下であるには，K_{ex} はいくら以下であることが必要か．

5.6 銅イオン $\mathrm{Cu^{2+}}$ と亜鉛イオン $\mathrm{Zn^{2+}}$ を含む水溶液に，オキシン $\mathrm{C_9H_7ON}$ を添加することによって金属を分離することは可能か．ただし，オキシンの分配定数は100，$pK_a = 9.66$，錯体の分配定数はどちらも300とする．銅 Cu のオキシン錯体の生成定数は 10^{23}，亜鉛 Zn の生成定数は $10^{15.6}$ である．

第6章
酸化還元平衡と滴定

酸化還元反応は，分析化学だけでなく，無機化学，有機化学，生化学など広範な分野で取り扱われる重要な化学反応の一つである．酸化還元反応の本質は，物質間の電子の授受である．本章では，酸化還元作用の基本となる標準酸化還元電位とネルンストの式を学ぶとともに，COD（化学的酸素要求量）の測定などに用いられている酸化還元滴定法について学ぶ．

KEY WORD

| 酸化還元反応 | 酸化数 | 半反応 | 標準酸化還元電位 | 標準水素電極(NHE) |
| 電池図式 | ネルンストの式 | ファラデー定数 | 酸化還元滴定 | 電位差滴定 |
| 酸化還元指示薬 |

6.1 電池と起電力

6.1.1 イオン化傾向

イオン化傾向とは，単体の金属が水に溶けて金属イオンになるときのなりやすさを順番にしたものである．その順番は，図6.1で与えられる．

K Ca Na Mg Al Zn Fe Ni Sn Pb (H) Cu Hg Ag Pt Au
大 ←――――――――――――――――――→ 小

●図6.1● イオン化傾向

ここで，水素Hよりイオン化傾向の大きなものは，水または水素イオンH^+と反応して水素ガスH_2を発生させ，金属イオンになる．たとえば，金属のナトリウムNaを水に入れると，激しく反応して水素ガスを発生し，ナトリウムイオンNa^+が生成する．イオン化傾向がより小さい亜鉛Znを希塩酸に入れると，水素ガスが発生して亜鉛イオンZn^{2+}が生成する．一方，水素よりイオン化傾向が小さい銅Cuを希塩酸に入れても反応は起こらない．

このイオン化傾向から，たとえば，銅イオンCu^{2+}の水溶液に金属の亜鉛を浸すと，亜鉛イオンが水溶液に溶出し，銅が亜鉛の表面に析出することが予想される[*1]．この反応は次式で表される．

$$Zn + Cu^{2+} \longrightarrow Zn^{2+} + Cu \tag{6.1}$$

反応の前後で亜鉛の酸化数は0から+2に増加し，銅の酸化数は+2から0に減少する．

したがって，亜鉛は酸化され銅は還元されたことになる．つまり，イオン化傾向は還元作用の強

[*1] これは，一種の銅めっきである．

さの順番であり，イオン化傾向の大きな金属ほど，相手に電子を与える傾向が大きいといえる．なお，式(6.1)から，亜鉛と銅の間に，直接二つの電子の授受があったこともわかる．

> **例題 6.1** 銅イオン Cu^{2+} の水溶液に金属のアルミニウム板を浸すとどのようなことが起こるか，イオン化傾向から予想せよ．またその反応式を記せ．
>
> **解答** アルミニウム Al のイオン化傾向のほうが銅 Cu より大きいので，アルミニウムイオン Al^{3+} として水溶液に溶解し，アルミニウムの表面に銅が析出する．反応は次式のようになる．
>
> $$2Al + 3Cu^{2+} \longrightarrow 2Al^{3+} + 3Cu$$

6.1.2 電池の構成

電池の正極と負極の間を導線で結ぶと電流が流れる．正極は負極より電位が高く，電流は正極から負極に流れる[*2]．

電流とは，負の電荷をもつ電子の流れであるが，電子の流れは負極から正極である．すなわち，電子は導線を通って，電位の低い極から電位の高い極へ流れる．

6.1.1 項では，金属の酸化数の変化から，電子の授受が，物質間で直接行われたことを示したが，電池では，その電子が導線を電流として流れることになる．式(6.1)の酸化還元反応に基づく電池は，歴史的に有名なダニエル電池[*3]であり，図6.2のような構成である．

図6.2 の場合，左側の極ではイオン化傾向の大きな亜鉛が亜鉛イオンになり，亜鉛板上に放出された電子が導線を通って銅板に伝わり，水溶液中の銅イオンを銅に還元する．銅板上では水素イオンも還元され得るが，銅のイオン化傾向のほうが小さいので，優先的に銅イオンが銅に還元される．電子は左側の亜鉛板から右側の銅板に流れる．つまり，右側が正極，左側が負極になる．

また，左右の水溶液の間には塩橋[*4]が置かれている．塩橋は，電気的には通じているが，水溶液を混ざらないようにするためのものである．この塩橋がないと，電気回路が切れてしまい電流が流れない．塩橋の機能は忘れられがちであるが，電池ではきわめて重要なはたらきをもっている．

6.1.3 電池図式

電池を簡潔に書き表す方法が，電池図式（または電池図）である．

6.1.2 項で取り上げたダニエル電池は，電池図式では次のように表される．

$$\ominus \; Zn \,|\, Zn^{2+} \,\|\, Cu^{2+} \,|\, Cu \; \oplus \qquad (6.2)$$

ここで，Zn と Cu はそれぞれの金属電極，Zn^{2+} と Cu^{2+} はそれぞれの水溶液，| は電極と水溶液の界面，‖ は塩橋，⊕ は正極，⊖ は負極を表す．

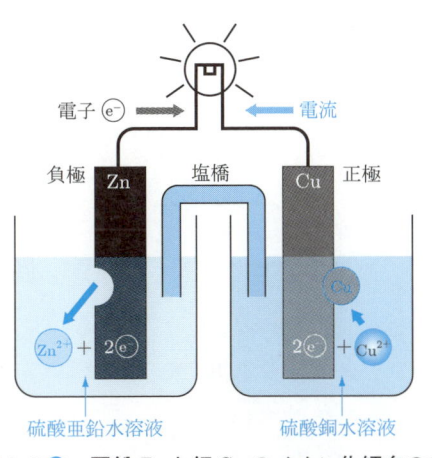

●図 6.2● 亜鉛 Zn と銅 Cu のイオン化傾向の差を利用した電池（ダニエル電池）

[*2] テスターを用いて市販の電池の電位（電圧）を測ると，正極は＋，負極は－になる．電子の流れる向きと，電流の向きが逆であることに注意する．
[*3] イギリスの化学者ダニエル（J. F. Daniell, 1790-1845）が考案した．
[*4] さまざまな種類の塩橋があるが，たとえば，濃厚な塩化カリウム水溶液を寒天でゲル状に固めたものが代表的な塩橋である．塩橋と類似の機能を持つものに，多孔質ガラスや素焼き板，セロハン膜などがある．

6.1.4 起電力

電流が導線を流れるためには，正極と負極の間に電位差が必要である．電池の場合，この電位差は**起電力**（electromotive force）とよばれる[*5]．電位，電位差，および起電力の単位はすべてボルト（V）[*6] である．図 6.2 の電池の正極，負極では，

$$正極（右側）：Cu^{2+}+2e^- \longrightarrow Cu \quad (6.3)$$

$$負極（左側）：Zn \longrightarrow Zn^{2+}+2e^- \quad (6.4)$$

のように，それぞれ銅イオンが電子を受容する反応と，亜鉛が電子を放出する反応が起こっている．このように，一つの極で起こる電子を含んだ反応を半反応（または半電池反応）とよぶ．

図 6.2 のような電池の模式図では，電池の起電力の符号は右側が正極，左側が負極になる場合，つまり導線を電流が右から左に流れる場合を正と約束する．この約束に従えば，図 6.2 の起電力は正の値である．

例題 6.2 塩化ナトリウム水溶液に銅板とアルミニウム板を浸し，両者の電位差をテスターで測定する．どちらが正極になるか．

解答 イオン化傾向は，アルミニウム Al のほうが大きいので，電子をアルミニウム板上に残し，アルミニウムイオン Al^{3+} として溶解しようとする．銅板上では，水素イオン H^+ が電子を受けとって水素ガス H_2 になろうとする．したがって，銅板が正極である．

6.2 標準酸化還元電位

ある酸化体とそれに対応する還元体の間の反応は，電子を使った半反応を用いて表現できる．また，一対の酸化体と還元体の組み合わせには，標準酸化還元電位を定めることができる．

6.2.1 半反応

電池では，必ず酸化反応と還元反応が対になって起こる．すなわち，正極では還元反応，負極では酸化反応が起こる．それぞれの極で起こる反応は，電池全体の反応のうちの半分であるため，片方の電極で起こる反応を**半反応**とよぶ．

まず半反応の電位とその反応にかかわる物質の濃度の関係を定性的に説明する．図 6.2 のように，負極で

$$Zn \longrightarrow Zn^{2+}+2e^-$$

の酸化反応が進み，電子が導線に送り込まれる場合，水溶液中の亜鉛イオン Zn^{2+} の濃度を高くすると電位が高くなることが知られている．すなわち，電子を与える作用が弱くなるのである．したがって，電流が流れない条件では，負極で起こっている半反応は，式(6.5)のような平衡反応としてとらえるべきであることがわかる．

$$Zn \rightleftharpoons Zn^{2+}+2e^- \quad (6.5)$$

そこで，図 6.3 のように，負極のみを取り出し

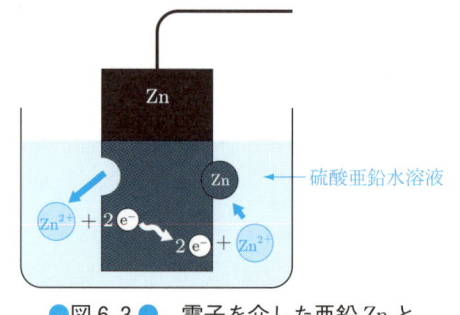

●図 6.3● 電子を介した亜鉛 Zn と亜鉛イオン Zn^{2+} の平衡

[*5] 市販の電池の起電力は 1.5 V のものが多いが，ほかに 9 V のものもある．
[*6] イタリアの物理学者ボルタ（A. Volta, 1745-1827）は，希硫酸に銅と亜鉛の金属板を浸して両金属板を導線で結び，世界で初めて化学反応から電流を取り出した．今日，電位差と電圧の単位として用いられているボルト（volt）は，彼の名前にちなんでつけられた．

て，ここで起こる平衡を考えることにする．

平衡であるということは，

$$Zn \longrightarrow Zn^{2+} + 2e^- \quad (6.6)$$

$$Zn^{2+} + 2e^- \longrightarrow Zn \quad (6.7)$$

の両方の反応がこの負極上で起こり，その反応速度が同じであることを意味する．式(6.6)は，図6.3の左側に示したように，二つの電子を金属亜鉛上に残して亜鉛イオンが水溶液に溶解することを意味し，式(6.7)は，水溶液中の亜鉛イオンが金属亜鉛上の別の場所で二つの電子を受けとって，金属亜鉛になることを意味している．すなわち，亜鉛表面上のみで電子の授受が行われ，亜鉛イオンの濃度は変化しない．

以上のように，半反応にかかわる物質の濃度が変化すると，対応する電位も変化するため，標準の濃度条件下で発生する電位が**標準酸化還元電位** $E°$ として定義された．この標準の濃度条件として，溶液では $1\,\mathrm{mol\,dm^{-3}}$，気体では $1\,\mathrm{atm}$ が選ばれている．また，標準酸化還元電位には対応する半反応式が併記されるが，その半反応は還元反応として記載することが国際的に定められている[*7]．すなわち，併記される半反応式は，**酸化体** Ox (Oxidant) とその**還元体** Red (Reductant)，および電子を用いて，一般に次のように表される．

$$p\,\mathrm{Ox} + ne^- \rightleftharpoons q\,\mathrm{Red} \quad (6.8)$$

ここで n は電子数である．重要なことは，半反応式には必ず酸化体とそれに対応する還元体が含まれていることである．たとえば，式(6.5)では酸化体は亜鉛イオンであり，還元体は亜鉛である．

6.2.2 標準酸化還元電位

電位は，常に二つの極の間の電位差[*8]として測定される．つまり，一つの半反応の電位を定義することはできない．そのため，次の半反応の電位を基準として 0 V と定め，他の半反応の電位を相対値として表すことが約束された．

$$2H^+ + 2e^- \rightleftharpoons H_2 \quad (6.9)$$

この半反応に対応する基準の電極は，**標準水素電極**（normal hydrogen electrode：**NHE**）とよばれ[*9]，図6.4のように，$1\,\mathrm{atm}$ の水素ガス，白金黒[*10]電極，および水素イオンの活量[*11] a_{H^+} が 1 である酸水溶液から構成される．

この電極を，電池図式で記載すると次式のようになる．

$$\mathrm{Pt, H_2(1\,atm) | H^+}(a_{H^+}=1) \| \quad (6.10)$$

たとえば，Zn^{2+}/Zn 系を標準水素電極と組み合わせた場合，その電池図式は

$$\oplus\ \mathrm{Pt, H_2(1\,atm) | H^+}(a_{H^+}=1) \| \mathrm{Zn^{2+} | Zn}\ \ominus \quad (6.11)$$

と表される．この電池の起電力が Zn^{2+}/Zn 系の電位に相当することになる．以下，断りのない限り，半反応の電位は標準水素電極を基準として示す．このようにして決められた標準酸化還元電位の代表的なものを付表5にまとめた．

すでに述べたように，イオン化傾向の大きな金属ほど還元作用が強く，電位は負になる．また，

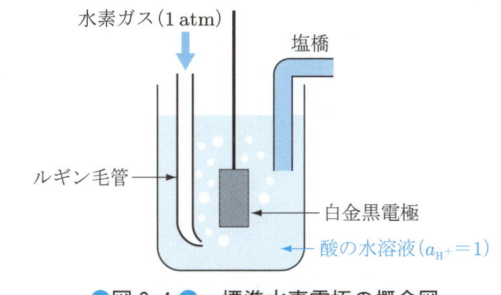

●図6.4● 標準水素電極の概念図

[*7] 1953年，国際純正および応用化学連合（International Union of Pure and Applied Chemistry; IUPAC）において定められた．
[*8] たとえば，電池の起電力は，正極と負極の電位差を測定する．また，家庭用の交流 100 V も二つの極の間の交流電圧値（実効値）に相当する．
[*9] standard hydrogen electrode (SHE) とよばれることもある．
[*10] 多孔質の表面を有し，黒く見える白金 Pt のことである．表面積が極めて広いために反応効率が高い．
[*11] 第1章でも述べたように，活量は，濃度と活量係数の積である．

半反応には，

$$O_2 + 2H^+ + 2e^- \rightleftharpoons H_2O_2 \quad (6.12)$$

のように，対象となる酸化体や還元体以外に，水素イオン H^+ や水酸化物イオン OH^- などが含まれることがある[*12]．このような場合，水素イオンや水酸化物イオンの濃度も 1 mol dm^{-3} として標準酸化還元電位が定められている．

例題 6.3
付表5を用いて，ハロゲン化物イオンを還元作用の強い順に並べよ．

解答
標準酸化還元電位の値はフッ化物イオン $F^- >$ 塩化物イオン $Cl^- >$ 臭化物イオン $Br^- >$ ヨウ化物イオン I^- である．値の小さなものほど還元作用が強いので，その順番は $I^- > Br^- > Cl^- > F^-$ になる．

Coffee Break

電位と標高

土地の高度を示す標高と電位は類似している．たとえば，富士山の標高は3776 m であるが，これは海抜の値である．すなわち，海面を基準として 0 m とし，そこからの差として求められたものである．

また，すべての物体は重さが正であり，高度の高いところから低いところに自然に落ちる．これと同様に，正（＋）の電荷をもつ物質は，電位の高いところから低いところに自然に移動する．ただし，重さと異なり，電荷の場合は負（－）もあり得る．このような負（－）の電荷をもつものは，逆に電位の低いところから高いところに自然に移動する．仮に負の重さをもつ物体があれば，高度の低いところから高いところに昇るだろう．

6.3 ネルンストの式と起電力

半反応は電子を介した平衡であり，半反応の電位は，その半反応を構成する物質の濃度によって変化する．この電位と濃度の関係は，ネルンストの式[*13]で表される．また，半反応二つで構成される電池の起電力は，それぞれの半反応の電位の差に等しい．

6.3.1 ネルンストの式

6.2.1項で述べたように，半反応の電位は物質の濃度によって変化する．電位 E と濃度の関係を表したものが，式(6.13)で示されるネルンストの式である．

$$p\text{Ox} + ne^- \rightleftharpoons q\text{Red} \quad (6.8)$$

$$E = E^\circ + \frac{RT}{nF}\ln\frac{[\text{Ox}]^p}{[\text{Red}]^q} \quad (6.13)$$

ここで R は気体定数，T は絶対温度，F はファラデー定数である[*14]．還元体 Red は，酸化体 Ox より電子に富む物質であるから，還元体の濃度が高くなると E の値は小さくなると覚えればよい．逆に，酸化体の濃度が高くなると E の値は大きくなる．さらに式(6.13)は，25℃では，

$$E = E^\circ + \frac{0.059}{n}\log\frac{[\text{Ox}]^p}{[\text{Red}]^q} \quad (6.14)$$

となり，便利な式として用いられる[*15]．[Ox] や [Red] のように [ ] で囲んで表す場合，溶液の場合はモル濃度，気体の場合は分圧（単位は atm）である．また，固体（金属など）や溶媒（水など）の場合には 1 と約束する．ネルンストの式から，酸化体とそれに対応する還元体の濃度が一定であれば，一定の電位を示すということがわかる．

例として，図6.2に示したダニエル電池を考え

[*12] 反応の前後で，水素イオン H^+ の酸化数は変化していないことに注意する．
[*13] ドイツの化学者ネルンスト（W. H. Nernst, 1864-1941）が提唱した．ネルンストは，1920年に熱化学の研究でノーベル化学賞を受賞した．
[*14] 気体定数 R は $8.314\text{ J K}^{-1}\text{ mol}^{-1}$，ファラデー定数 F は 96485 C mol^{-1} である．
[*15] 式(6.13)は自然対数，式(6.14)は常用対数で表記されていることに注意する．$\ln x = 2.303 \log x$ である．

てみる．左側の半反応の電位 E は，約束に従って $[\text{Zn}]=1$ であるから，次のように表せる．

$$E = E°_{\text{Zn}^{2+}/\text{Zn}} + \frac{RT}{2F} \ln[\text{Zn}^{2+}] \tag{6.15}$$

$$\text{Zn}^{2+} + 2\text{e}^- \rightleftharpoons \text{Zn} \tag{6.16}$$

ここで $E°_{\text{Zn}^{2+}/\text{Zn}}$ は，式(6.16)の標準酸化還元電位である．当然のことであるが，標準の濃度の条件，すなわち $[\text{Zn}^{2+}]=1\,\text{mol}\,\text{dm}^{-3}$ を代入すると，電位は $E°_{\text{Zn}^{2+}/\text{Zn}}$ となる．

6.3.2 起電力

電池は二つの半反応から構成されており，それぞれの半反応はネルンストの式に応じた電位を示す．6.1.4項の符号の約束に従うと，図6.2の電池の起電力 ΔE は，$\Delta E = E_\text{右} - E_\text{左}$ と表される．ここで $E_\text{右}$，$E_\text{左}$ は，それぞれ電池の右側，左側の半反応の電位である．結局，図6.2の起電力 ΔE は，ネルンストの式を用いて，次のように書ける．

$$\Delta E = E°_{\text{Cu}^{2+}/\text{Cu}} + \frac{RT}{2F} \ln[\text{Cu}^{2+}] \\ - \left(E°_{\text{Zn}^{2+}/\text{Zn}} + \frac{RT}{2F} \ln[\text{Zn}^{2+}] \right) \tag{6.17}$$

もし，銅イオン Cu^{2+} と亜鉛イオン Zn^{2+} の濃度が等しいとすると，

$$\Delta E = E°_{\text{Cu}^{2+}/\text{Cu}} - E°_{\text{Zn}^{2+}/\text{Zn}} \tag{6.18}$$

となり，値を求めると起電力

$$\Delta E = 0.34\,\text{V} - (-0.76\,\text{V}) = 1.10\,\text{V}$$

となる．約束どおり正の起電力として計算された．

例題 6.4

6.3.2項の例で，
(1) $[\text{Zn}^{2+}] = 1.0 \times 10^{-4}\,\text{mol}\,\text{dm}^{-3}$，$[\text{Cu}^{2+}] = 1.0 \times 10^{-2}\,\text{mol}\,\text{dm}^{-3}$ であるとき，25 ℃の起電力を求めよ．また，
(2) $[\text{Zn}^{2+}] = 1.0 \times 10^{-2}\,\text{mol}\,\text{dm}^{-3}$，$[\text{Cu}^{2+}] = 1.0 \times 10^{-4}\,\text{mol}\,\text{dm}^{-3}$ であるときの起電力を 25 ℃で求めよ．

解答 式(6.17)に各濃度と標準酸化還元電位を代入する．

(1) $\Delta E = 0.34 + \dfrac{0.059}{2} \log(1.0 \times 10^{-2}) - (-0.76) - \dfrac{0.059}{2} \log(1.0 \times 10^{-4})$
$\quad = 1.16\,\text{V}$

(2) $\Delta E = 0.34 + \dfrac{0.059}{2} \log(1.0 \times 10^{-4}) - (-0.76) - \dfrac{0.059}{2} \log(1.0 \times 10^{-2})$
$\quad = 1.04\,\text{V}$

次に，図6.5に示すセリウム（Ⅳ）イオン Ce^{4+}，セリウム（Ⅲ）イオン Ce^{3+} と，鉄（Ⅲ）イオン Fe^{3+}，鉄（Ⅱ）イオン Fe^{2+} から構成される電池を考える．

図6.5に示した電池は，すべて溶解している金属イオンの酸化還元系から構成されている．それぞれの半反応は次式で表される．

右側：$\text{Fe}^{3+} + \text{e}^- \rightleftharpoons \text{Fe}^{2+}$ (6.19)

左側：$\text{Ce}^{4+} + \text{e}^- \rightleftharpoons \text{Ce}^{3+}$ (6.20)

付表5から，$\text{Ce}^{4+}/\text{Ce}^{3+}$ 系の標準酸化還元電位は 1.61 V であり，$\text{Fe}^{3+}/\text{Fe}^{2+}$ 系では 0.77 V であ

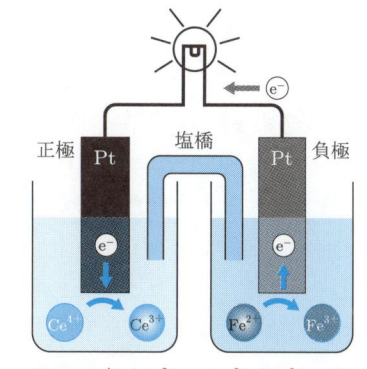

●図6.5　$\text{Ce}^{4+}/\text{Ce}^{3+}$ と $\text{Fe}^{3+}/\text{Fe}^{2+}$ の半反応から構成される電池

るので，セリウム（Ⅳ）イオンの酸化作用は鉄（Ⅲ）イオンより強いことがわかる．したがって，鉄（Ⅱ）イオンは酸化されて鉄（Ⅲ）イオンになり，セリウム（Ⅳ）イオンはセリウム（Ⅲ）イオンになる．すなわち，

$$Ce^{4+} + Fe^{2+} \rightleftharpoons Ce^{3+} + Fe^{3+} \quad (6.21)$$

の反応は右に進む．図6.5の電池の場合，起電力 ΔE は，

$$\Delta E = E°_{Fe^{3+}/Fe^{2+}} + \frac{RT}{F}\ln\frac{[Fe^{3+}]}{[Fe^{2+}]}$$
$$- \left(E°_{Ce^{4+}/Ce^{3+}} + \frac{RT}{F}\ln\frac{[Ce^{4+}]}{[Ce^{3+}]}\right) \quad (6.22)$$

となる．なお，反応に関与するイオンは，すべて水溶液中に溶存しているため，他の金属表面を介して電子の授受が行われなくてはならない．この目的のために，白金 Pt や金 Au，グラッシーカーボン C など，酸化されにくく伝導性のあるものが電極として使用される．ここでは，白金の例を示す．図6.5を電池図式で示すと，次のようになる．

$$\oplus \text{ Pt}|Ce^{3+}, Ce^{4+}\|Fe^{3+}, Fe^{2+}|\text{Pt} \ominus \quad (6.23)$$

この電池でも，電流が流れないとすると，負極と正極で，それぞれ式(6.19)，(6.20)の平衡が成り立つ．この平衡とは，白金を介して電子の授受が行われることに相当する．たとえば，正極では，

$$Ce^{3+} \longrightarrow Ce^{4+} + e^{-} \quad (6.24)$$
$$Ce^{4+} + e^{-} \longrightarrow Ce^{3+} \quad (6.25)$$

の二つの反応が，白金上の異なる場所で起こっており，その反応速度が等しいことを意味する．この考え方は，図6.3の場合と同じである．

6.4 起電力と酸化還元平衡

二つの極の間で電位差が発生したとき，その間を導線で結ぶと電流が流れる．このとき，それぞれの極で酸化反応または還元反応が起こり，物質の濃度が変化する．つまり，二つの極を導線で結ぶ直前までは，それぞれの極は独立して平衡状態にあったが，導線で結ぶことによって，酸化還元反応が進行し，系全体が新たな平衡状態に向かうのである．この『新たな平衡状態』とは，どのような状態だろうか．これまで述べたことから考えると，電池の起電力が0Vになったとき，すなわち，二つの半反応の電位が等しくなり，電流が流れなくなった状態である．

6.4.1 電極反応の平衡

図6.2に示したようにダニエル電池の両極を導線で結んだときに，どのようなことが起こるかを改めて考えよう．導線で結んでから十分に時間がたち，酸化還元平衡に達したとする．系全体の酸化還元平衡は，次のようになる．

$$Zn + Cu^{2+} \rightleftharpoons Zn^{2+} + Cu \quad (6.26)$$

また，それぞれの半反応とネルンストの式を改めて記載すると

$$Zn^{2+} + 2e^{-} \rightleftharpoons Zn \quad (6.16)$$
$$E = E°_{Zn^{2+}/Zn} + \frac{RT}{2F}\ln[Zn^{2+}] \quad (6.15)$$
$$Cu^{2+} + 2e^{-} \rightleftharpoons Cu \quad (6.27)$$
$$E = E°_{Cu^{2+}/Cu} + \frac{RT}{2F}\ln[Cu^{2+}] \quad (6.28)$$

である．二つの半反応の電位 E が等しいとすると

$$E°_{Cu^{2+}/Cu} - E°_{Zn^{2+}/Zn} = \frac{RT}{2F}\ln\frac{[Zn^{2+}]}{[Cu^{2+}]} \quad (6.29)$$

となる．左辺は 1.10 V であるから，計算すると 25 °C では $[Zn^{2+}]/[Cu^{2+}] = 10^{37.3}$ となる．水溶液中の金属イオンの濃度の上限は，5 mol dm^{-3} 程度であるから，この比の値が意味することは，$[Cu^{2+}] \approx 0$ mol dm^{-3} である．つまり，導線で結んで系全体が平衡になるとき，水溶液中のほとんどすべての銅イオン Cu^{2+} が銅 Cu になる．

6.4.2 平衡状態への移行

次に，0.5 mol dm^{-3} 硫酸亜鉛 ZnSO$_4$ 水溶液/亜鉛板と，0.5 mol dm^{-3} 硫酸銅 CuSO$_4$ 水溶液/銅板の二つの極について，平衡になる過程を考える．亜鉛 Zn と銅の反応のモル比は 1 : 1 であるので，増加した亜鉛イオン Zn^{2+} の物質量と減少した銅イオンの物質量は等しい．反応が半分進行した時点で，[Zn^{2+}]＝0.75 mol dm^{-3}，[Cu^{2+}]＝0.25 mol dm^{-3} である．さらに反応終了時では，計算上，[Zn^{2+}]＝1.0 mol dm^{-3}，[Cu^{2+}]＝10$^{-37.3}$ mol dm^{-3} となり，電流は流れなくなる．図 6.6 に，このときの亜鉛イオンと銅イオンの濃度変化を示す．

このように電流が流れて酸化還元平衡になったとすると，両方の半反応の電位はどれくらいの値になるだろうか．上記の例で，Zn^{2+}/Zn の半反応のほうから電位 E の値を算出してみると，

$$E = E°_{\text{Zn}^{2+}/\text{Zn}} + \frac{RT}{2F}\ln 1 = -0.76\,\text{V} \quad (6.30)$$

となる．Cu^{2+}/Cu のほうからも，

$$\begin{aligned} E &= E°_{\text{Cu}^{2+}/\text{Cu}} + \frac{RT}{2F}\ln 10^{-37.3} \\ &= 0.34 - 1.10 = -0.76\,\text{V} \end{aligned} \quad (6.31)$$

となり，当然ながら両者は一致する．

さて，溶存しているイオンのみが反応する Ce^{4+}/Ce^{3+} と Fe^{3+}/Fe^{2+} の系について同じように考えてみる．平衡時には電池の起電力が 0 V なので，式(6.22)から，

$$E°_{\text{Ce}^{4+}/\text{Ce}^{3+}} - E°_{\text{Fe}^{3+}/\text{Fe}^{2+}} = \frac{RT}{F}\ln\frac{[\text{Ce}^{3+}][\text{Fe}^{3+}]}{[\text{Ce}^{4+}][\text{Fe}^{2+}]} \quad (6.32)$$

となる．付表 5 を用いて左辺を計算すると，+0.84 V であり，25 ℃において次のようになる．

$$\frac{[\text{Ce}^{3+}][\text{Fe}^{3+}]}{[\text{Ce}^{4+}][\text{Fe}^{2+}]} = 10^{14.2} \quad (6.33)$$

以上の二つの例から，二つの極を導線で結んで系全体が平衡に達したとき，半反応を構成する溶液中の酸化体と還元体の濃度の比は，標準酸化還元電位の差と温度のみによって決まることがわかる．

6.4.3 酸化還元平衡定数

あらゆる平衡には，平衡定数が定義される．したがって，本章で取り上げている酸化還元平衡にも平衡定数が定められる．本項では，**酸化還元平衡定数**と電位の関係について考えてみる．

一般的な形で酸化還元反応を記載すると，次のようになる．

$$a\,\text{Ox1} + b\,\text{Red2} \rightleftharpoons p\,\text{Red1} + q\,\text{Ox2} \quad (6.34)$$

ここで Ox1 は還元されて Red1 に，Red2 は酸化されて Ox2 になるとする．

式(6.34)の平衡に対する平衡定数 K は，一般の平衡定数と同様に，

$$K = \frac{[\text{Red1}]^p[\text{Ox2}]^q}{[\text{Ox1}]^a[\text{Red2}]^b} \quad (6.35)$$

と定義できる．まず，式(6.34)を二つの半反応に分ける[*16]．

$$a\,\text{Ox1} + ne^- \rightleftharpoons p\,\text{Red1} \quad (6.36)$$

$$E_1 = E°_1 + \frac{RT}{nF}\ln\frac{[\text{Ox1}]^a}{[\text{Red1}]^p} \quad (6.37)$$

$$q\,\text{Ox2} + ne^- \rightleftharpoons b\,\text{Red2} \quad (6.38)$$

$$E_2 = E°_2 + \frac{RT}{nF}\ln\frac{[\text{Ox2}]^q}{[\text{Red2}]^b} \quad (6.39)$$

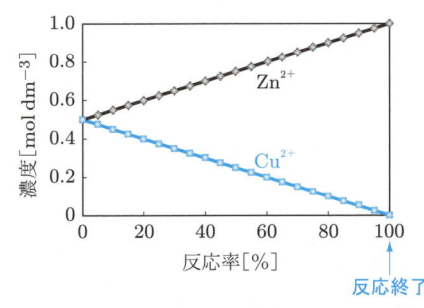

●図 6.6● 図 6.2 のダニエル電池における亜鉛イオン Zn^{2+}，銅イオン Cu^{2+} の濃度と反応率の関係．亜鉛イオンと銅イオンの初濃度は，いずれも 0.5 mol dm^{-3} である．

[*16] 式(6.36)と式(6.38)の電子数 n は等しいことに注意する．

式(6.36)と式(6.38)の二つの半反応の極を導線で結び，平衡に達したとすると，前記のように電位が等しい（$E_1 = E_2$）ので，

$$E^\circ_1 - E^\circ_2 = \frac{RT}{nF} \ln \frac{[\text{Red1}]^p [\text{Ox2}]^q}{[\text{Ox1}]^a [\text{Red2}]^b} \tag{6.40}$$

が成り立つ．ここで，右辺の自然対数の真数は，式(6.35)で定義されている平衡定数 K と同一である．したがって，

$$E^\circ_1 - E^\circ_2 = \frac{RT}{nF} \ln K \tag{6.41}$$

である．このようにして，酸化還元平衡の平衡定数は，二つの半反応の標準酸化還元電位の差と対応づけられる．なお，式(6.41)は25℃において，次のようになる．

$$E^\circ_1 - E^\circ_2 = \frac{0.059}{n} \log K \tag{6.42}$$

具体的な例として，再び Zn^{2+}/Zn と Cu^{2+}/Cu の系を取り上げる．酸化還元平衡は，すでに述べたように

$$Zn + Cu^{2+} \rightleftharpoons Zn^{2+} + Cu \tag{6.26}$$

であり，その平衡定数 K は

$$K = \frac{[Zn^{2+}]}{[Cu^{2+}]} \tag{6.43}$$

となる[*17]．式(6.29)と式(6.43)から，

$$E^\circ_{Cu^{2+}/Cu} - E^\circ_{Zn^{2+}/Zn} = \frac{RT}{2F} \ln K \tag{6.44}$$

となる．この平衡定数 K は，すでに6.4.1項で $10^{37.3}$（25℃）と求められている．

例題 6.5 $I_2 + 2S_2O_3^{2-} \rightleftharpoons 2I^- + S_4O_6^{2-}$ で表される酸化還元平衡の平衡定数 $K = \dfrac{[I^-]^2 [S_4O_6^{2-}]}{[S_2O_3^{2-}]^2}$ を25℃で計算せよ[*18]．またその値から，反応はどのように進行するか判断せよ．

解答 それぞれを半反応に分けると，

$$I_2 + 2e^- \rightleftharpoons 2I^-$$

$$E_1 = 0.53 + \frac{0.059}{2} \log \frac{1}{[I^-]^2}$$

$$S_4O_6^{2-} + 2e^- \rightleftharpoons 2S_2O_3^{2-}$$

$$E_2 = 0.08 + \frac{0.059}{2} \log \frac{[S_4O_6^{2-}]}{[S_2O_3^{2-}]^2}$$

となる．$E_1 = E_2$ とおくと，

$$0.45 = \frac{0.059}{2} \log \frac{[I^-]^2 [S_4O_6^{2-}]}{[S_2O_3^{2-}]^2}$$

となる．したがって，$K = 10^{15.3}$ となり，反応は右向きに進行する．

6.5 酸化還元平衡に与える共存物質の影響

半反応に対応する電位は，水溶液中に存在するさまざまな物質によって影響を受ける．ここでは，水素イオン濃度（pH），沈殿試薬，配位子について考える．

6.5.1 水素イオン濃度（pH）の影響

水素イオン H^+ や水酸化物イオン OH^- が半反応式に含まれている場合，電位はpHによって変化する．例として，過マンガン酸イオン MnO_4^- の半反応式を示す．

[*17] 6.3.1項で，固体である金属の濃度は1と約束した．
[*18] ヨウ素 I_2 は固体であり，その濃度は1と約束した．

$$MnO_4^- + 8H^+ + 5e^- \rightleftharpoons Mn^{2+} + 4H_2O \quad (6.45)$$

過マンガン酸イオンのマンガンの酸化数は $+7$ であるが，還元されて $+2$ になる．このとき，ネルンストの式は，

$$E = E° + \frac{RT}{5F} \ln \frac{[MnO_4^-][H^+]^8}{[Mn^{2+}]} \quad (6.46)$$

であり[*19]，25℃では，

$$E = E° + \frac{0.059}{5} \log \frac{[MnO_4^-]}{[Mn^{2+}]} - \frac{0.059}{5} \times 8\,pH \quad (6.47)$$

となる．つまり，pHが1増加すると，電位 E は $0.059 \times (8/5) = 0.094\,V$ 低くなる．

次に，水の還元反応と酸化反応を取り上げる．還元反応の半反応は式(6.9)，酸化反応の半反応は式(6.48)のように表され，いずれにも水素イオンが関与している[*20]．

$$2H^+ + 2e^- \rightleftharpoons H_2 \quad (6.9)$$

$$O_2 + 4H^+ + 4e^- \rightleftharpoons 2H_2O \quad (6.48)$$

ここで，水素 H_2 および酸素 O_2 の分圧をそれぞれ p_{H_2}, p_{O_2} とおくと，電位とpHの関係は25℃では，

$$E = E°_{H^+/H_2} + \frac{0.059}{2} \log \frac{[H^+]^2}{p_{H_2}}$$
$$= E°_{H^+/H_2} - 0.059\,pH - 0.030 \log p_{H_2} \quad (6.49)$$

$$E = E°_{O_2/H_2O} + \frac{0.059}{4} \log p_{O_2}[H^+]^4$$
$$= E°_{O_2/H_2O} - 0.059\,pH + 0.015 \log p_{O_2} \quad (6.50)$$

となり，それぞれの半反応に対応する電位はpHに依存することがわかる．水素ガスおよび酸素ガスの分圧に大気圧（1 atm）を代入して，式(6.49)，(6.50)を表したものが，図6.7の直線である．なお，この二つの線ではさまれた斜線部分は，大気圧下で水が還元反応も酸化反応も受けずに，安定に存在できる範囲を示している[*21]．

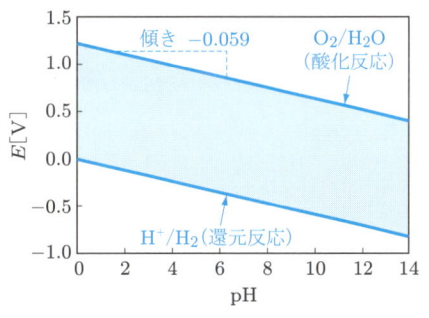

●図6.7● 水の還元反応と酸化反応の電位 E と pH の関係

Step up プールベイのダイヤグラム

第3章で述べたように，多くの金属イオンは，pHが増大すると水酸化物の沈殿が生じる．また，電位に応じて，酸化状態が変化する．そこで，縦軸を電位，横軸をpHとして，各金属イオンの存在状態を図示することが，ロシアの化学者プールベイ（M. Pourbaix, 1904-1998）によって体系的に行われた．この電位とpHの関係図は，プールベイのダイヤグラム（Pourbaix diagram）として知られている．図6.7は，金属イオンではないが，水のプールベイのダイヤグラムに相当する．

6.5.2 沈殿試薬の影響

ネルンストの式から明らかなように，電位は酸化体と還元体の濃度に依存する．そこで，酸化体の酸化数は変化させないが，その濃度を減少させるような物質を添加すると，酸化体の初濃度が減ることと同じことになり，電位が低下する．逆に，還元体の濃度を減少させるような物質を添加すると，電位は上昇する．

ここでは，酸化数を変化させることなく，酸化体や還元体の濃度に影響を与える物質について考

[*19] 6.3.1項で，溶媒である水の濃度は1と約束した．
[*20] これらは水の電気分解のときの反応式でもある．
[*21] 大気圧（1 atm）で水素ガスまたは酸素ガスが発生するということは，それぞれの分圧が1 atmであることを意味する．式(6.49)と式(6.50)から，斜線の領域では $p_{H_2} < 1$, $p_{O_2} < 1$ となる．このことから，大気圧では水素ガス，酸素ガスともに発生しないことがわかる．

える．はじめに沈殿試薬の影響を考える．

例として，銀イオン Ag^+/銀 Ag の電位に対する塩化物イオン Cl^- の影響を考える．まず，塩化物イオンが存在しない場合の半反応とネルンストの式は，それぞれ式(6.51)，(6.52)である[*22]．

$$Ag^+ + e^- \rightleftharpoons Ag \tag{6.51}$$

$$E = E°_{Ag^+/Ag} + \frac{RT}{F} \ln [Ag^+] \tag{6.52}$$

すなわち，電位 E は銀イオンの濃度 $[Ag^+]$ に依存して変化する．一方，塩化物イオンを過剰に加えると，溶液中の銀イオンは沈殿し，次のような沈殿生成平衡状態になる．

$$Ag^+ + Cl^- \rightleftharpoons AgCl \tag{6.53}$$

このとき，銀イオンの濃度は，溶解度積 $K_{sp,AgCl}$ を用いて

$$K_{sp,AgCl} = [Ag^+][Cl^-]$$

から計算できる．つまり，塩化物イオンが過剰に存在する場合，銀イオンの濃度は，塩化物イオンの濃度 $[Cl^-]$ によって決まることになり，

$$[Ag^+] = K_{sp,AgCl}/[Cl^-]$$

となる．これを式(6.52)に代入すると，次のようになる．

$$E = E°_{Ag^+/Ag} + \frac{RT}{F} \ln K_{sp,AgCl} + \frac{RT}{F} \ln \frac{1}{[Cl^-]} \tag{6.54}$$

この場合，電位は銀イオンの濃度ではなく，塩化物イオンの濃度に影響されることになる．

塩化物イオンを添加することによって，電位がどの程度変化するかみてみる．たとえば，$[Cl^-] = 2.0$ mol dm^{-3} とすると，$E°_{Ag^+/Ag} = 0.80$ V，$\log K_{sp,AgCl} = -9.75$ であるから，25℃で $E = 0.21$ V と計算される．前述のとおり，塩化物イオンを添加すると，沈殿生成によって酸化体である銀イオンの濃度を減少させることになり，電位が約 0.6 V 低下する．すなわち，塩化物イオンを添加することで，還元作用が強くなる．

式(6.54)右辺の定数部分をまとめたものは，見かけ電位 (formal potential) $E°'$ とよばれ[*23]，

$$E°' = E°_{Ag^+/Ag} + \frac{RT}{F} \ln K_{sp,AgCl} \tag{6.55}$$

と表される．したがって，式(6.54)は，次のように書きかえられる．

$$E = E°' + \frac{RT}{F} \ln \frac{1}{[Cl^-]} \tag{6.56}$$

ところで，塩化物イオンが過剰に存在しているとき，銀イオンのほとんどは塩化銀 $AgCl$ として存在する．したがって，半反応式は次のように書ける．

$$AgCl + e^- \rightleftharpoons Ag + Cl^- \tag{6.57}$$

この新しい半反応の標準酸化還元電位を $E°_{AgCl/Ag}$ とすると，ネルンストの式は，

$$E = E°_{AgCl/Ag} + \frac{RT}{F} \ln \frac{1}{[Cl^-]} \tag{6.58}$$

となる．式(6.56)と式(6.58)の電位 E は等しく，また，同形であることから，式(6.55)で定義した見かけ電位は，式(6.57)の半反応の標準酸化還元電位 $E°_{AgCl/Ag}$ に相当することがわかる．

なお，式(6.58)は，塩化物イオンの濃度を一定にすれば，電位が一定になることを意味している．そこで，6.6.2項で述べるように，式(6.57)の半反応を利用した参照電極（p.85 Step up 参照）が広く使用されている．

[*22] 6.3.1項で，固体である金属の濃度は 1 と約束した．
[*23] 見かけ電位は，「式量電位」や「条件酸化還元電位」とよばれることもある．

例題 6.6 塩化物イオン Cl^- の存在下における Ag^+/Ag 系の見かけ電位を 25℃で求めよ．

解答 見かけ電位は式(6.55)で与えられる．これは，塩化物イオンの濃度には依存しないことに注意する．この式を 25℃で書き直すと，

$$E°' = E°_{Ag^+/Ag} + 0.059 \log K_{sp, AgCl}$$

となる．値を代入すると，次のようになる．

$$E°' = 0.80 + 0.059 \times (-9.75) = 0.22 \text{ V}$$

6.5.3 金属錯体を生成する配位子の影響

酸化数に影響を与えずに，酸化体または還元体の濃度を変える方法として，ほかに金属錯体を生成する配位子の添加があげられる．

ここで，再び Ag^+/Ag の電位を取り上げ，アンモニア NH_3 の添加効果を考える．まず，アンモニアがない場合の半反応とネルンストの式は，それぞれ式(6.51)，(6.52)で与えられる．アンモニアを添加すると，次のように錯体生成の平衡が生じる．

$$Ag^+ + mNH_3 \rightleftharpoons Ag(NH_3)_m^+$$
$$(m=1 \text{ または } 2) \quad (6.59)$$

その結果，酸化体である銀イオンの濃度が減少し，電位が低下することが予想される．

錯体生成の影響を定量的に求めてみる．まず，銀イオンの全濃度を c_{Ag} とし，式(6.59)の全生成定数を $\beta_1(=K_{f1})$, β_2 とすると

$$c_{Ag} = [Ag^+] + [Ag(NH_3)^+] + [Ag(NH_3)_2^+]$$
$$= [Ag^+](1 + \beta_1[NH_3] + \beta_2[NH_3]^2) \quad (6.60)$$

が成り立つ．第 4 章で述べた副反応係数 α_{AgNH_3} $(= 1 + \beta_1[NH_3] + \beta_2[NH_3]^2)$ を用いると，

$$[Ag^+] = \frac{c_{Ag}}{\alpha_{AgNH_3}}$$

となり，ネルンストの式は次のようになる．

$$E = E°_{Ag^+/Ag} - \frac{RT}{F} \ln \alpha_{AgNH_3} + \frac{RT}{F} \ln c_{Ag} \quad (6.61)$$

アンモニアがない場合は，$\alpha_{AgNH_3} = 1$, $c_{Ag} = [Ag^+]$ であるため，式(6.61)は式(6.52)に一致する．アンモニアが存在すると $\alpha_{AgNH_3} > 1$ となり，電位が低くなる．予想どおり，酸化体である銀イオンの濃度が減少するので酸化作用が弱くなる．なお，アンモニアの濃度が一定ならば，式(6.61)の右辺の

$$E°_{Ag^+/Ag} - \frac{RT}{F} \ln \alpha_{AgNH_3}$$

の項は一定になるので，これも見かけ電位として定義することができる．

例題 6.7 アンモニア NH_3 を
(1) 1.0×10^{-3} mol dm^{-3}
(2) 1.0×10^{-2} mol dm^{-3}

と共存させると，Ag^+/Ag 系の電位はどれくらい変化するか，25℃で求めよ．ただし，$\log \beta_1 = 3.3$, $\log \beta_2 = 7.2$ とせよ．

解答 副反応係数 α_{AgNH_3} $(= 1 + \beta_1[NH_3] + \beta_2[NH_3]^2)$ を各濃度について求めると，
(1) 19, (2) 1.6×10^3 である．これを式(6.61)に代入すると，(1)では 0.08 V，(2)では 0.19 V 電位が低下することがわかる．

本節では，水素イオン（pH），沈殿試薬，配位子について述べたが，酸化数を変えずに酸化体や還元体の濃度に影響を与えるほかの物質についても，同様に考えることができる．

6.6 水溶液の電位

ある水溶液中に，酸化体とそれに対応する還元体が，ある濃度で存在し，平衡状態にある場合，その水溶液には一定の電位が定まる．

6.6.1 水溶液内の酸化還元平衡

二つの半反応の極を導線で結ぶことと，二つの半反応に関与している物質を同一の水溶液内で混合することは，酸化還元平衡の観点からは，ほぼ同じ意味をもつ．両者の違いは，導線を介して電子の授受が行われるか，直接電子の授受が行われるか，という点である[*24]．したがって，6.4 節および 6.5 節の考え方は，同一の水溶液内で起こる酸化還元反応や平衡についてもそのまま適用できる．本節以降では，同一の水溶液内で起こる酸化還元反応とその平衡について考える．

初濃度が $0.5\,\mathrm{mol\,dm^{-3}}$ の Fe^{2+} と $0.2\,\mathrm{mol\,dm^{-3}}$ の Ce^{4+} の水溶液を考えよう．酸化還元平衡と 25℃ における平衡定数は，前述のように，

$$Ce^{4+} + Fe^{2+} \rightleftharpoons Ce^{3+} + Fe^{3+} \quad (6.21)$$

$$K = \frac{[Ce^{3+}][Fe^{3+}]}{[Ce^{4+}][Fe^{2+}]} = 10^{14.2} \quad (6.62)$$

となる．平衡時の Ce^{4+} の濃度を x とおくと，Fe^{2+} と Ce^{4+} の反応のモル比は $1:1$ であるため，

$$\frac{(0.2-x)^2}{x(0.3+x)} = 10^{14.2} \quad (6.63)$$

が成り立ち，$x \fallingdotseq 8.4 \times 10^{-16}\,\mathrm{mol\,dm^{-3}}$ が得られる[*25]．したがって，平衡時の各金属イオンの濃度は，次のようになる．

$[Fe^{2+}] = 0.3\,\mathrm{mol\,dm^{-3}}$
$[Fe^{3+}] = [Ce^{3+}] = 0.2\,\mathrm{mol\,dm^{-3}}$
$[Ce^{4+}] = 8.4 \times 10^{-16}\,\mathrm{mol\,dm^{-3}}$

つまり，Ce^{4+} は Fe^{2+} を Fe^{3+} に酸化し，それ自身はすべて Ce^{3+} になる．

ここで，酸化体である Ce^{4+} と Fe^{3+} を同一の水溶液に添加しても，反応は起こらないことに注意する．酸化体どうし，または還元体どうしを同一の水溶液内に共存させても反応は起こらず，酸化還元の平衡状態にならない．

6.6.2 水溶液の電位

ここで，ネルンストの式を思い返してみる．酸化体 Fe^{3+} とその還元体 Fe^{2+} が，それぞれある濃度で存在しているとき，ネルンストの式に従った電位が発生する．ほかの酸化体 Ce^{4+} と還元体 Ce^{3+} の対からも，ある電位が発生する．これら Fe^{3+}，Fe^{2+}，Ce^{4+}，Ce^{3+} を同一の水溶液に添加して反応させ，酸化還元平衡に達すると，それぞれの対から得られる電位は等しいはずである．この考え方を拡張すると，ある水溶液内に三つ以上の酸化体／還元体の対が存在していても，すべてが酸化還元平衡になっていれば，それぞれの対から得られる電位はすべて等しい値になるはずであり，その電位をこの**水溶液の電位**と定義する．

水溶液の電位を測定する装置の概略を，図 6.8 に示す．水溶液の電位を測るために，前述のように，白金 Pt や金 Au，グラッシーカーボンなどが使用される．多孔質ガラスを介して結ばれたもう一つの極は，一定の電位を発生できるものでなく

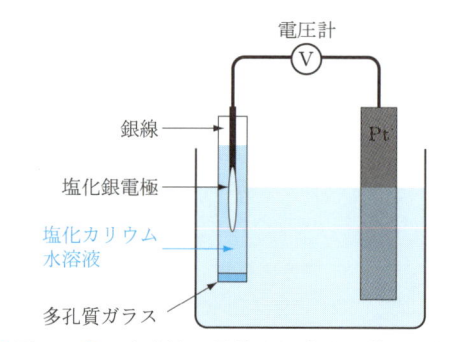

● 図 6.8 ● 水溶液の電位を測定する装置の概略

[*24] 導線を介する電子の授受と物質間の直接の電子の授受は，電位的に考えると違いはない．しかし，実際には，同一の酸化還元反応が同じような反応速度で起こるとは限らない．
[*25] $x \fallingdotseq 0$ と仮定して，$0.2 - x \fallingdotseq 0.2$，$0.3 + x \fallingdotseq 0.3$ とすると，$x \fallingdotseq 8.4 \times 10^{-16}\,\mathrm{mol\,dm^{-3}}$ が得られる．

てはならない．このような電極は**参照電極**（または比較電極）とよばれ，いくつかの種類のものが使用されている．ここでは，銀/塩化銀電極の場合を示している．水溶液中に，Ce^{4+} と Ce^{3+} が存在する場合，電池図式は

$$\text{Ag, AgCl|KCl||Ce}^{3+}, \text{Ce}^{4+}|\text{Pt} \qquad (6.64)$$

と表せる．||が多孔質ガラスであり，||より左側が参照電極の半反応，右側が水溶液の半反応に相当する．この電池図式からも，参照電極が一定の電位を示さないと，水溶液の電位が測定できないことがわかる．

なお，銀/塩化銀電極の電位は，NHE（標準水素電極）を参照電極にして測ると，約 0.2 V になる．これを 0.2 V vs. NHE と書くことにする．したがって，銀/塩化銀電極を参照電極として測定された電位と，NHE を基準とする電位を比較する場合には補正を行う必要がある．

Step up 参照電極

一定の電位を与える参照電極として，水素ガスを使う標準水素電極（NHE）より扱いやすい参照電極が考え出されている．たとえば，6.5.2 項で述べた Ag/AgCl 系は，塩化物イオン Cl^- の濃度を定めておけば一定の電位を発生することから，この半反応の参照電極が広く用いられている．実際には，Ag, AgCl|3.5 mol dm^{-3} 塩化カリウム水溶液，または，Ag, AgCl|飽和塩化カリウム水溶液の組合せが一般的であり，電位は，それぞれ 0.205 V vs. NHE, 0.199 V vs. NHE である．図 6.8 のように，多孔質ガラスを一体化させた参照電極が市販されている．

6.7 酸化還元滴定の概要

酸化還元滴定とは，文字通り酸化還元反応を含んだ滴定のことである．すなわち，酸化剤と還元剤の反応であり，両者のモル比が一定である場合，滴定によって水溶液中の酸化剤または還元剤の濃度を知ることが可能である．

6.7.1 酸化還元滴定の基礎

酸化還元滴定と酸塩基滴定（中和滴定）を比較すると，（電荷は逆であるが）水素イオン H^+ を与える酸は電子を与える還元剤に相当し，水素イオンを受けとる塩基は電子を受けとる酸化剤に相当する．水素イオンを与える指標として酸解離定数があるように，電子を与える指標として標準酸化還元電位がある．

酸塩基滴定における酸と塩基の反応のモル比は，通常 1:1 であるが，酸化還元反応のモル比は，複雑な整数比になることがある．それは，二つの半反応中の電子の数が，同一になるとは限らないためである．例として，過マンガン酸カリウム $KMnO_4$ 水溶液によるシュウ酸 $H_2C_2O_4$ 水溶液の滴定を取り上げる．それぞれの半反応は，

$$MnO_4^- + 8H^+ + 5e^- \rightleftharpoons Mn^{2+} + 4H_2O \qquad (6.45)$$

$$2CO_2 + 2H^+ + 2e^- \rightleftharpoons H_2C_2O_4 \qquad (6.65)$$

である．ここで酸化体が受容する電子，または還元体が放出する電子の物質量を考えると，1 mol の過マンガン酸カリウムは 5 mol の電子を受容し，1 mol のシュウ酸は 2 mol の電子を放出する．したがって，過マンガン酸カリウムとシュウ酸の反応のモル比は 2:5 になる．

反応のモル比は，式(6.45)と式(6.65)から電子を消去して得られる全反応からも判断できる．全反応は，次式のようになる．

$$\begin{aligned}
&\text{式}(6.45) \times 2 - \text{式}(6.65) \times 5 \\
&= 5H_2C_2O_4 + 2MnO_4^- + 6H^+ \\
&\rightleftharpoons 10CO_2 + 2Mn^{2+} + 8H_2O \qquad (6.66)
\end{aligned}$$

式(6.66)からも，過マンガン酸カリウムとシュウ酸のモル比は 2:5 であることがわかる．

実際の滴定を考える．濃度 0.100 mol dm^{-3} の

シュウ酸ナトリウム水溶液を 10.0 cm³ とり，硫酸で酸性にした．そのあと，濃度が未知の過マンガン酸カリウム水溶液をビュレットで滴下し，22.44 cm³ 加えたところ当量点[*26]をむかえた．

このデータから過マンガン酸カリウムの濃度を求めてみる．まず，シュウ酸ナトリウムの物質量は，濃度×体積で 1.00×10^{-3} mol であり，電子の物質量は 2.00×10^{-3} mol である．一方，過マンガン酸カリウム水溶液の濃度を x mol dm^{-3} とおくと，物質量は $0.02244x$ mol，電子の物質量は $0.1122x$ mol である．両方の電子の物質量を等しいとおくと，$x = 0.0178$ mol dm^{-3} と求められる．

一般に，物質 1 mol が関与する電子の物質量，物質の濃度，水溶液の体積をそれぞれ a, c, V とおくと，酸化還元滴定の当量点における定量的な関係は，次のようになる．

$$a_{Ox} c_{Ox} V_{Ox} = a_{Red} c_{Red} V_{Red} \tag{6.67}$$

ここで下付きの Ox と Red は，それぞれ酸化体と還元体を示す．たとえば，c_{Ox} が既知であり，V_{Ox} と V_{Red} を実験で求めて，c_{Red} を算出するという定量の過程が滴定である．したがって，酸化還元滴定では，反応を十分に理解して，反応のモル比を正確に把握することが重要である．

6.7.2 標準溶液

滴定を行うには，まず正確な濃度の水溶液を調製できる一次標準物質が必要である．表 6.1 に酸化還元滴定で用いられる代表的な一次標準物質を掲げる．また，純度や安定性が劣るため一次標準物質としては使用できないが，二次標準物質として用いられているものを表 6.2 に示す．二次標準物質は，いずれも強い酸化作用または還元作用を示す物質であるが，それらは溶液中では必ずしも安定とはいえない．よって，そのつど滴定することが望ましい．

6.7.3 酸化還元滴定における濃度変化

鉄（Ⅱ）イオン Fe^{2+} の水溶液にセリウム（Ⅳ）イオン Ce^{4+} の水溶液を滴下するとする．このときの酸化還元平衡は，次のようになる．

$$Ce^{4+} + Fe^{2+} \rightleftharpoons Ce^{3+} + Fe^{3+} \tag{6.21}$$

6.6.1 項で述べたように，セリウム（Ⅳ）イオンは定量的に鉄（Ⅱ）イオンを酸化する．また平衡時には，

$$K = \frac{[Ce^{3+}][Fe^{3+}]}{[Ce^{4+}][Fe^{2+}]} = 10^{14.2} \tag{6.62}$$

が成り立つように，各物質の濃度が決まる．これらを考慮すると，当量点以前，当量点，当量点以後の各金属イオンの濃度，およびそれらの濃度比は表 6.3 のようになる．

図 6.9 は，濃度 0.01 mol dm^{-3} の Fe^{2+} の水溶液 10 cm³ に，濃度 0.01 mol dm^{-3} の Ce^{4+} の水溶液を滴下したときの Fe^{3+} と Fe^{2+}，Ce^{4+} と Ce^{3+} の濃度を対数値で示している．$V_{Ce} = 10$ cm³ が当量点であるが，この当量点付近で Fe^{2+} が急激に減少（図 6.9 (a)）しており，同時に Ce^{4+} が急激に増加（同図 (b)）していることがわかる．

また，図 6.10 は酸化体／還元体の濃度比の対数の変化を示している．二つの曲線の差が一定値

■ 表 6.1 ■ 酸化還元滴定で用いられる代表的な一次標準物質

名 称	化学式	作用
臭素酸カリウム	$KBrO_3$	酸化
ヨウ素酸カリウム	KIO_3	酸化
二クロム酸カリウム	$K_2Cr_2O_7$	酸化
シュウ酸ナトリウム	$Na_2C_2O_4$	還元

■ 表 6.2 ■ 酸化還元滴定で用いられる代表的な二次標準物質

名 称	化学式	作用
過マンガン酸カリウム	$KMnO_4$	酸化
硫酸第二セリウム	$Ce(SO_4)_2$	酸化
硫酸第一鉄	$FeSO_4$	還元
チオ硫酸ナトリウム	$Na_2S_2O_3$	還元

[*26] 当量点とは，すべてのシュウ酸ナトリウムがすべての過マンガン酸カリウムとちょうど反応した状態のことであり，酸塩基滴定の中和点に相当する．

■ 表6.3 ■ 式(6.21)の酸化還元滴定における各金属イオンの濃度

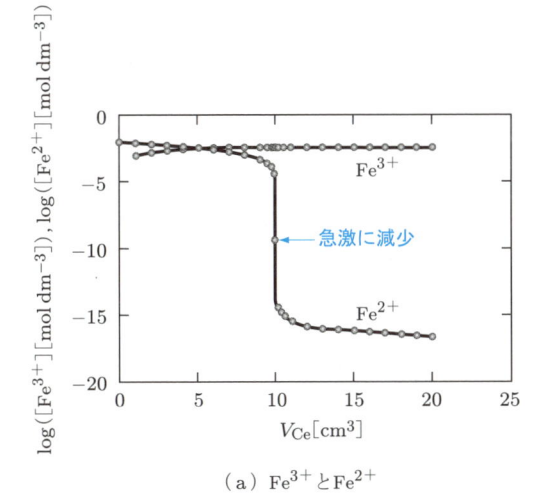

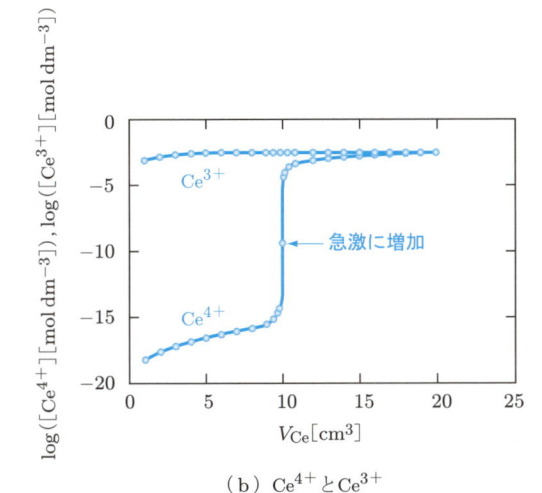

金属イオン	当量点以前	当量点	当量点以降
$[Fe^{3+}]$	$\dfrac{c_{Ce} V_{Ce}}{V_{Fe} + V_{Ce}}$	$\dfrac{c_{Ce} V_{Ce}}{V_{Fe} + V_{Ce}}$	$\dfrac{c_{Fe} V_{Fe}}{V_{Fe} + V_{Ce}}$
$[Fe^{2+}]$	$\dfrac{c_{Fe} V_{Fe} - c_{Ce} V_{Ce}}{V_{Fe} + V_{Ce}}$	$\dfrac{10^{-7.1} c_{Ce} V_{Ce}}{V_{Fe} + V_{Ce}}$	$\dfrac{10^{-14.2} c_{Fe}{}^2 V_{Fe}{}^2}{(c_{Ce} V_{Ce} - c_{Fe} V_{Fe})(V_{Fe} + V_{Ce})}$
$[Ce^{4+}]$	$\dfrac{10^{-14.2} c_{Ce}{}^2 V_{Ce}{}^2}{(c_{Fe} V_{Fe} - c_{Ce} V_{Ce})(V_{Fe} + V_{Ce})}$	$\dfrac{10^{-7.1} c_{Ce} V_{Ce}}{V_{Fe} + V_{Ce}}$	$\dfrac{c_{Ce} V_{Ce} - c_{Fe} V_{Fe}}{V_{Fe} + V_{Ce}}$
$[Ce^{3+}]$	$\dfrac{c_{Ce} V_{Ce}}{V_{Fe} + V_{Ce}}$	$\dfrac{c_{Ce} V_{Ce}}{V_{Fe} + V_{Ce}}$	$\dfrac{c_{Fe} V_{Fe}}{V_{Fe} + V_{Ce}}$
$[Fe^{3+}]/[Fe^{2+}]$	$\dfrac{c_{Ce} V_{Ce}}{c_{Fe} V_{Fe} - c_{Ce} V_{Ce}}$	$10^{7.1}$	$\dfrac{10^{14.2}(c_{Ce} V_{Ce} - c_{Fe} V_{Fe})}{c_{Fe} V_{Fe}}$
$[Ce^{4+}]/[Ce^{3+}]$	$\dfrac{10^{-14.2} c_{Ce} V_{Ce}}{c_{Fe} V_{Fe} - c_{Ce} V_{Ce}}$	$10^{-7.1}$	$\dfrac{c_{Ce} V_{Ce} - c_{Fe} V_{Fe}}{c_{Fe} V_{Fe}}$

(a) Fe^{3+} と Fe^{2+}

(b) Ce^{4+} と Ce^{3+}

● 図6.9 ● 濃度 $0.01\ mol\ dm^{-3}$ の Fe^{2+} の水溶液 10 cm^3 に,濃度 $0.01\ mol\ dm^{-3}$ の Ce^{4+} の水溶液を滴下したときの各金属イオンの濃度の変化

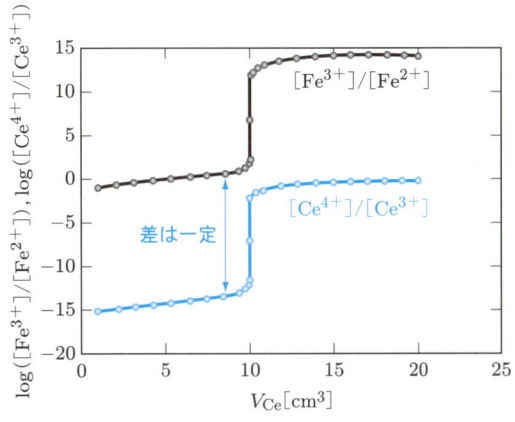

● 図6.10 ● 図6.9の酸化還元滴定における濃度比 $[Fe^{3+}]/[Fe^{2+}]$ および $[Ce^{4+}]/[Ce^{3+}]$ の変化

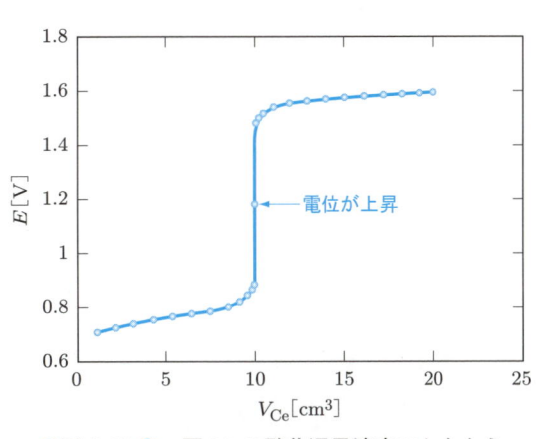

● 図6.11 ● 図6.9の酸化還元滴定にともなう水溶液の電位の変化

6.7.4 電位差滴定

次に，図 6.10 の濃度比の変化を水溶液の電位とあわせて考えてみる．Fe^{3+}/Fe^{2+} の対について，ネルンストの式を 25 ℃で適用すると，

$$E = E°_{Fe^{3+}/Fe^{2+}} + 0.059 \log \frac{[Fe^{3+}]}{[Fe^{2+}]} \tag{6.68}$$

となり，水溶液の電位が計算できる．

図 6.11 は，図 6.10 の $[Fe^{3+}]/[Fe^{2+}]$ から計算された電位の値を示している．電位が大きく上昇しているところは，当量点 10 cm^3 付近である．このように，水溶液の電位を測定しながら滴定を行うことを電位差滴定とよぶ．電位差滴定では，電位の大きな変化から当量点が判断できる．

次に，Ce^{4+}/Ce^{3+} の対にネルンストの式を適用すると，

$$E = E°_{Ce^{4+}/Ce^{3+}} + 0.059 \log \frac{[Ce^{4+}]}{[Ce^{3+}]} \tag{6.69}$$

となり，式(6.69)から計算される電位は図 6.11 と完全に一致する．これは，水溶液内で酸化還元平衡が成り立っているとき，ある酸化体/還元体の対から計算される電位が，ほかの酸化体/還元体の対から計算される電位に等しいという 6.6.2 項の記述と一致している．

式(6.68)の E と，式(6.69)の E は一致しているので，

$$\log \frac{[Fe^{3+}]}{[Fe^{2+}]} - \log \frac{[Ce^{4+}]}{[Ce^{3+}]}$$
$$= \frac{1}{0.059}(E°_{Ce^{4+}/Ce^{3+}} - E°_{Fe^{3+}/Fe^{2+}}) \tag{6.70}$$

である．この式は，図 6.10 に示す二つの曲線の差が一定値になっていたことに対応する．また，式(6.70)の右辺を計算すると 14.2 になり，二つの曲線の差に一致する．

電位と滴下量の関係の概略を知るために，半当量点，当量点，および Ce^{4+} を 2 倍当量添加したときの電位を計算してみる．

- 半当量点では，$[Fe^{2+}] = [Fe^{3+}]$ であり，電位は $E°_{Fe^{3+}/Fe^{2+}}$ である．
- 当量点では，$[Fe^{3+}] + [Fe^{2+}] = [Ce^{4+}] + [Ce^{3+}]$，$[Fe^{3+}] = [Ce^{3+}]$ が成り立つため，電位は $\frac{1}{2}(E°_{Ce^{4+}/Ce^{3+}} + E°_{Fe^{3+}/Fe^{2+}})$ になる[*27]．
- Ce^{4+} を 2 倍当量添加したときは $[Ce^{3+}] = [Ce^{4+}]$ であり，電位は $E°_{Ce^{4+}/Ce^{3+}}$ である．

図 6.8 に示した装置で測定される水溶液の電位，または次に述べる指示薬から，滴定の当量点を判断しようとした場合には，当量点前後で大きな電位の変化が必要である．そのためには，二つの標準酸化還元電位の間に，大きな差が必要であることがわかる．

酸化還元滴定における濃度変化の一般式は，きわめて複雑になるのでここでは省略するが，基本的な考え方は同じである．

6.7.5 指示薬を用いた酸化還元滴定

簡便に酸化還元滴定を行うため，または野外などで酸化還元滴定を行うために，色の変化から当量点を判別できる酸化還元指示薬が用いられる．

代表的な指示薬を表 6.4 に示す．E_{ind} は，これらの指示薬の標準酸化還元電位であり，変色域に相当する．

たとえば，E_{ind} が 1.14 V であるフェロイン[*28]について，電位と色の変化を考えてみよう．水溶液の電位が 1.14 V より低い場合，ネルンストの式から，還元体の濃度が酸化体の濃度より高いはずである．したがって，指示薬の色は赤である．水溶液の電位が 1.14 V より高くなると，酸化体

[*27] この二つの式を式(6.70)に代入すると，当量点では，

$$0.059 \log \frac{[Fe^{3+}]}{[Fe^{2+}]} = \frac{1}{2}(E°_{Ce^{4+}/Ce^{3+}} - E°_{Fe^{3+}/Fe^{2+}})$$

となる．これとネルンストの式から，上記のように電位が求められる．

[*28] トリス (1,10-フェナントロリン) 鉄 (II) のことである．

■ 表6.4 ■　酸化還元滴定に用いられる主な指示薬

名　称	E_{ind}[V]	還元体	酸化体
ニュートラルレッド　$C_{15}H_{17}N_4Cl$	0.24	無色	赤色
メチレンブルー　$C_{16}H_{18}N_3ClS$	0.53	無色	青色
バリアミンブルー B　$C_{13}H_{14}N_2O \cdot HCl$	0.71	無色	紫色
ジフェニルアミン　$C_{12}H_{11}N$	0.76	無色	紫青色
ジフェニルベンジジン　$C_{24}H_{20}N_2$	0.776	無色	紫色
ジフェニルアミン-4-スルホン酸　$C_{12}H_{11}NO_3S$	0.85	無色	紫色
エリオグラウシン A　$C_{37}H_{34}N_2O_9S_3Na_2$	1.0	黄緑色	赤色
トリス (2,2′-ビピリジン) 鉄　$(C_{10}H_8N_2)_3Fe$	1.03	赤色	無色
フェロイン　$(C_{12}H_8N_2)_3Fe$	1.14	赤色	淡青色
5-ニトロフェロイン　$(C_{12}H_7N_3O_2)_3Fe$	1.25	赤色	淡青色

の濃度のほうが還元体の濃度より高くなり，淡青色になる．

図6.12に，6.7.4項に示したFe^{2+}水溶液をCe^{4+}水溶液で滴定するときの水溶液の電位Eの変化（図6.11参照）と指示薬のE_{ind}の関係を示す．低い電位から滴定が始まり，急激な電位の上昇をともなう当量点があり，その後，高い電位になる．当量点と指示薬の電位を比較すると，ジフェニルアミンでは，当量点と変色域が一致しておらず，指示薬としては不適切であることがわかる．エリオグラウシン A とフェロインでは，当量点と変色域が一致しており，適切な選択であるといえる．なお，この場合，フェロインは赤色から淡青色に変化する．このように，酸化還元滴定にともなう電位の変化を考慮し，適切な指示薬を選ぶことが重要である．

このような指示薬を用いなくても，酸化剤や還元剤が固有の色を有している場合，または，これらを発色させる試薬を添加する場合，その色の変化から当量点を判断することも可能である．これには，表6.5に示す滴定試薬が知られている．

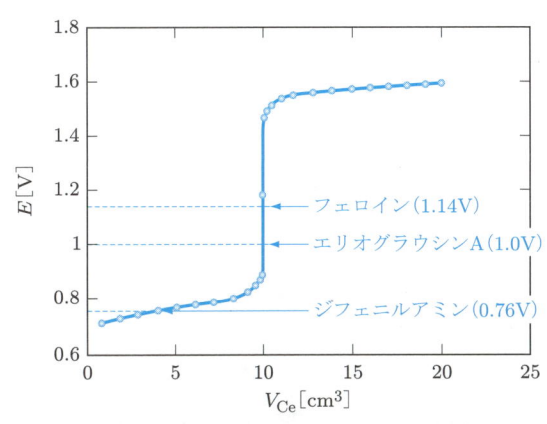

● 図6.12 ●　図6.9の滴定にともなう電位の変化と指示薬の変色域の関係

■ 表6.5 ■　色の変化から当量点が判別できる酸化還元の滴定試薬

名　称	還元体	酸化体
可溶性デンプンを添加したヨウ素 I_2	無色	青紫色
過マンガン酸カリウム $KMnO_4$	無色（淡赤色）	紫色

例題 6.8　次の電位の溶液に，バリアミンブルー B を少量加えると，色はどのように変化するか．また，トリス(2,2′-ビピリジン)鉄ならどうか．
(1)　0.50 V　　(2)　0.85 V　　(3)　1.50 V

解答　バリアミンブルー B では，(1)無色，(2)紫色，(3)紫色になる．
トリス(2,2′-ビピリジン)鉄では，(1)赤色，(2)赤色，(3)無色になる．

6.8 酸化還元滴定の具体例

本節では，酸化還元滴定の具体例として，

- 一次標準物質であるヨウ素酸カリウムによるチオ硫酸ナトリウムの滴定
- 溶存酸素の固定とチオ硫酸ナトリウムによる滴定（ウインクラー法）
- 一次標準物質であるシュウ酸ナトリウムによる過マンガン酸カリウムの滴定

を示す．

6.8.1 ヨウ素酸カリウムによるチオ硫酸ナトリウムの滴定

塩酸酸性条件下で，正確な濃度のヨウ素酸カリウム KIO_3 の水溶液を一定量とり，過剰量のヨウ化カリウム KI 水溶液に加える．次の反応式に従って，ヨウ素酸イオン IO_3^- によりヨウ化物イオン I^- の一部がヨウ素 I_2 に酸化され，ヨウ素酸イオンは定量的にヨウ素になる．

$$IO_3^- + 5I^- + 6H^+ \longrightarrow 3I_2 + 3H_2O \quad (6.71)$$

ただし，ヨウ素は過剰のヨウ化物イオンによって，赤褐色の三ヨウ化物イオン I_3^- として溶解する．生じたヨウ素をチオ硫酸ナトリウム $Na_2S_2O_3$ で滴定するが，このときの反応は次のようになる．

$$I_2 + 2S_2O_3^{2-} \longrightarrow 2I^- + S_4O_6^{2-} \quad (6.72)$$

式(6.72)の当量点は，ヨウ素（または三ヨウ化物イオン）の有無から判断できる．そのため，表 6.5 に示したように，当量点以前に可溶性デンプンを添加し，ヨウ素の有無を鋭敏に目で検知できるようにする．

この滴定は，途中にヨウ素が介在するため反応のモル比がわかりづらいが，詳しく反応を追うと，ヨウ素酸イオンとチオ硫酸イオン $S_2O_3^{2-}$ は，モル比 1：6 で反応していることがわかる．なお，最初のヨウ化物イオンは途中ヨウ素になるが，最終的にはヨウ化物イオンに戻るので，酸化還元滴定には関与していない．

また，酸化数の増減から反応のモル比を知ることも可能である．ヨウ素酸イオンは反応終了時にはヨウ化物イオンになっており，ヨウ素原子の酸化数は +5 から -1 になっている．一方，チオ硫酸イオンから四チオン酸イオン $S_4O_6^{2-}$ への酸化数の変化は，硫黄 1 原子当たり +2 から +2.5 である．チオ硫酸イオンには硫黄が 2 原子存在することを考えると，ヨウ素酸イオンとチオ硫酸イオンの反応のモル比は 1：6 となる．これは，先のモル比と一致する．

6.8.2 溶存酸素の固定とチオ硫酸ナトリウムによる滴定

溶存酸素とは，水に溶解している酸素分子 O_2 のことであり，その濃度は，その水中で水生生物が生存できるか否かの指標である．溶存酸素を直接滴定によって定量することは困難であるため，いったん別の物質に変換し，その後，滴定することが行われる．以下に示す方法は，ウインクラー法[*29] として知られている有名な手法である．

まず，試料水に濃厚な硫酸マンガン $MnSO_4$ 水溶液と，濃厚な水酸化カリウム KOH-ヨウ化カリウム KI 混合水溶液をごく少量添加する．マンガン（Ⅱ）イオン Mn^{2+} は水酸化マンガン $Mn(OH)_2$ として沈殿するが，そのとき溶存酸素は，式(6.73)に従って Mn^{II} を Mn^{IV} に酸化し，定量的に水酸化酸化マンガン（Ⅳ）$MnO(OH)_2$ に変わる．

$$2Mn(OH)_2 + O_2 \longrightarrow 2MnO(OH)_2 \quad (6.73)$$

なお，酸性条件では溶存酸素はマンガン（Ⅱ）イオンを酸化しない．式(6.73)の反応後，硫酸 H_2SO_4 を添加して酸性にすると，水酸化酸化マンガン（Ⅳ）は溶解するが，そのとき過剰に溶存

[*29] ハンガリーの化学者ウインクラー（L. Winkler, 1863-1939）により考案された．

しているヨウ化物イオンを次のように酸化する．

$$MnO(OH)_2 + 2I^- + 4H^+ \longrightarrow Mn^{2+} + I_2 + 3H_2O \quad (6.74)$$

反応を詳細に追うと，マンガンイオンは途中水酸化酸化マンガン(IV)に変化するが，最終的にマンガン(II)イオンに戻るため，酸化還元反応には関与していない．酸素分子は水に還元されており，酸素原子の酸化数は 0 から -2 に変化している．

一方，ヨウ化物イオンはヨウ素に酸化されており，酸化数は -1 から 0 に変化している．酸素分子には，酸素原子が二つあることを考慮すると，酸素分子とヨウ化物イオンの反応のモル比は 1:4 になり，1 分子の酸素から 2 分子のヨウ素が生成する．溶液は酸性になっているため，生じたヨウ素は 6.8.1 項と同様に，チオ硫酸ナトリウムで滴定することが可能である．最終的に，酸素分子とチオ硫酸イオンの反応のモル比は 1:4 になる．

6.8.3　シュウ酸ナトリウムによる過マンガン酸カリウムの滴定

シュウ酸 $H_2C_2O_4$ および過マンガン酸カリウム $KMnO_4$ の半反応は，それぞれ次のようになる．

$$2CO_2 + 2H^+ + 2e^- \rightleftharpoons H_2C_2O_4 \quad (6.65)$$

$$MnO_4^- + 8H^+ + 5e^- \rightleftharpoons Mn^{2+} + 4H_2O \quad (6.45)$$

式 (6.65) と式 (6.45) から電子を消去すると，前述のように

$$5H_2C_2O_4 + 2MnO_4^- + 6H^+ \\ \rightleftharpoons 10CO_2 + 2Mn^{2+} + 8H_2O \quad (6.66)$$

になる．

実際の滴定では，一次標準物質であるシュウ酸ナトリウム $Na_2C_2O_4$ の標準溶液を一定量とり，硫酸酸性とする．最初は酸化還元反応が遅いので，溶液を 60〜80℃ に加温して滴定する必要がある．紫色の過マンガン酸カリウムの溶液を滴下すると，ほぼ無色（淡赤色）のマンガン(II)イオンに還元される．生じたマンガン(II)イオンが触媒としてはたらくようになるので，次第に反応速度は速くなる．滴下した過マンガン酸カリウムの紫色が消えなくなったところを当量点とする．

6.8.4　酸化還元滴定に関する注意

環境中の酸化剤，とくに大気中の酸素が，しばしば酸化還元滴定を妨害することがある．妨害を避けるために，試薬の濃度を上げたり，迅速な滴定操作を心がけたりする必要がある．

例題 6.9　式 (6.66) の反応の前後で，マンガン Mn の酸化数，および炭素 C の酸化数は，どのように変化したか．

解答　マンガンの酸化数は，+7 から +2 に減少している．炭素原子の酸化数は，+3 から +4 に増加している．この変化からも，過マンガン酸イオン MnO_4^- とシュウ酸 $H_2C_2O_4$ の反応のモル比は 2:5 であることがわかる．

演・習・問・題・6

6.1　イオン化傾向からみて，次の操作で反応が起こるものはどれか．反応が起こる場合，その反応を記せ．
(1)　塩化水素 HCl の水溶液（塩酸）に，ニッケル板を浸す．
(2)　銅イオン Cu^{2+} の水溶液に，銀線を浸す．
(3)　塩酸に，マグネシウムリボンを浸す．
(4)　亜鉛イオン Zn^{2+} の水溶液に，アルミニウムイオン Al^{3+} の水溶液を加える．
(5)　カリウムイオン K^+ の溶液に，銀イオン Ag^+ の水溶液を加える．

6.2　次の水溶液の電位を，付表 5 の値を用いて 25℃ で求めよ．
(1)　濃度 $1.0 \times 10^{-2}\,mol\,dm^{-3}$ のセリウム(IV)イ

オン Ce^{4+}，濃度 1.0×10^{-3} mol dm^{-3} のセリウム（Ⅲ）イオン Ce^{3+}

(2) 濃度 2.0×10^{-3} mol dm^{-3} の鉄（Ⅲ）イオン Fe^{3+}，濃度 4.0×10^{-2} mol dm^{-3} の鉄（Ⅱ）イオン Fe^{2+}

(3) ニッケル板，濃度 1.0×10^{-3} mol dm^{-3} のニッケルイオン Ni^{2+}

(4) 濃度 2.0×10^{-2} mol dm^{-3} の過マンガン酸イオン MnO_4^-，濃度 1.0×10^{-3} mol dm^{-3} のマンガン（Ⅱ）イオン Mn^{2+}，pH 2.0

(5) 酸素 O_2 の分圧 0.20 atm，pH 2.0（$O_2+4H^++4e^- \rightleftharpoons 2H_2O$ の半反応として考えよ）

6.3 次の酸化還元平衡の 25℃ における平衡定数を，付表5の値を用いて求めよ．

$$MnO_4^- + 5Fe^{2+} + 8H^+ \rightleftharpoons Mn^{2+} + 5Fe^{3+} + 4H_2O$$

6.4 銅イオン Cu^{2+} とエチレンジアミン四酢酸 edta^{4-}[*30] は水溶性の錯体を生成する．その生成定数は，付表4から $10^{18.8}$ である．$[edta^{4-}]=1.0\times 10^{-2}$ mol dm^{-3} のとき，$Cu(edta)^{2-}/Cu$ の見かけ電位を 25℃ で求めよ．ただし，edta^{4-} は Cu^{2+} に比べて，大過剰に存在しているとする．

6.5 カドミウムイオン Cd^{2+} と硫化物イオン S^{2-} は不溶性の塩を生成することが知られており，その溶解度積の値は，付表3から $K_{sp}=1.0\times 10^{-28}$ である．$CdS+2e^- \rightleftharpoons Cd+S^{2-}$ の標準酸化還元電位を 25℃ で求めよ．

6.6 次の物質 1 mol が放出または受容する電子の物質量を求めよ．ただし，括弧内で示す酸化還元反応を起こすものとする．

(1) ヨウ素酸カリウム KIO_3
　　（$IO_3^- + 6H^+ + 6e^- \rightleftharpoons I^- + 3H_2O$）

(2) 二酸化マンガン MnO_2
　　（$MnO_2 + 4H^+ + 2e^- \rightleftharpoons Mn^{2+} + 2H_2O$）

(3) チオ硫酸イオン $S_2O_3^{2-}$
　　（$S_4O_6^{2-} + 2e^- \rightleftharpoons 2S_2O_3^{2-}$）

(4) シュウ酸 $H_2C_2O_4$
　　（$2CO_2 + 2H^+ + 2e^- \rightleftharpoons H_2C_2O_4$）

(5) 二クロム酸イオン $Cr_2O_7^{2-}$
　　（$Cr_2O_7^{2-} + 14H^+ + 6e^- \rightleftharpoons 2Cr^{3+} + 7H_2O$）

6.7 次の水溶液に，それぞれの指示薬をごく少量加えるとどのような色になるか，表6.4のデータから考えよ．

(1) 濃度 1.0×10^{-4} mol dm^{-3} の鉄（Ⅲ）イオン Fe^{3+}，濃度 0.10 mol dm^{-3} の鉄（Ⅱ）イオン Fe^{2+} の水溶液に，メチレンブルーを加える．

(2) 濃度 2.0×10^{-4} mol dm^{-3} のセリウム（Ⅳ）イオン Ce^{4+}，濃度 1.0×10^{-2} mol dm^{-3} のセリウム（Ⅲ）イオン Ce^{3+} の水溶液に，ジフェニルアミンを加える．

(3) 亜鉛板を浸した濃度 0.10 mol dm^{-3} の亜鉛イオン Zn^{2+} の水溶液に，エリオグラウシン A を加える．

(4) 濃度 0.10 mol dm^{-3} の二クロム酸イオン $Cr_2O_7^{2-}$，濃度 3.0×10^{-4} mol dm^{-3} のクロム（Ⅲ）イオン Cr^{3+}，pH 1.0 の水溶液に，フェロインを加える．

6.8 一次標準物質であるヨウ素酸カリウム KIO_3 の水溶液を 1.014×10^{-2} mol dm^{-3} の濃度で調製した．これを 10.00 cm^3 とり，塩酸と過剰量のヨウ化カリウム KI 水溶液を加え，濃度未知のチオ硫酸ナトリウム $Na_2S_2O_3$ 水溶液を滴下したところ，30.24 cm^3 を加えたときに当量点をむかえた．チオ硫酸ナトリウムの濃度を求めよ．

6.9 水中の溶存酸素を定量するために，ウインクラー法に従って，以下のような操作を行った．溶存酸素の濃度をモル濃度で求めよ．

試料水 100 cm^3 に過剰量のマンガン（Ⅱ）イオン Mn^{2+}，ヨウ化カリウム KI，水酸化カリウム KOH を加え，酸素を水酸化マンガン（Ⅳ）$MnO(OH)_2$ として固定した．その後，硫酸 H_2SO_4 を加え，生成した三ヨウ化物イオン I_3^- に濃度 1.06×10^{-2} mol dm^{-3} のチオ硫酸ナトリウム $Na_2S_2O_3$ 水溶液を滴下した．9.34 cm^3 を加えたときに当量点をむかえた．

[*30] 詳細は，第4章を参照のこと．

第7章

イオン交換法

イオン性の官能基を有し，水に不溶性である合成樹脂を，一般にイオン交換樹脂という．イオン交換法とは，イオン交換樹脂を用いて水溶液中のイオンを交換する方法である．イオン交換法は，水の軟化や精製，特定の元素を選択的に分離・濃縮するための前処理法，イオンクロマトグラフィーなどに応用されている．

本章では，イオン交換樹脂によるイオン交換平衡の原理とその考え方について述べる．

KEY WORD

| イオン交換樹脂 | キレート樹脂 | イオン交換平衡 | 静電相互作用 | 水和イオン |
| 交換容量 | 選択係数 | 質量分布係数 | 体積分布係数 | イオンクロマトグラフィー |

7.1 イオン交換樹脂の化学構造と分類

イオン交換樹脂（ion-exchange resin）は，イオン性の官能基（交換基，functional group）を有し，水に不溶性である合成樹脂である．これを用いたイオン交換の概念図を図7.1に示す．水溶液中に存在するナトリウムイオン Na^+ が，陽イオン交換樹脂に捕捉されていたカリウムイオン K^+ と交換し，カリウムイオンが水溶液中に溶出する．

一般に，イオン交換樹脂は，図7.2のようなスチレン C_8H_8 とジビニルベンゼン $C_{10}H_{10}$ の共重合体を母体としている．架橋剤[*1]であるジビニルベ

●図7.1● 陽イオン交換樹脂を用いたナトリウムイオン Na^+ とカリウムイオン K^+ の交換の模式図

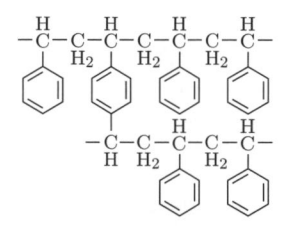

●図7.2● イオン交換樹脂の母体の化学構造

[*1] 重合に関与する二重結合を一つだけ有する物質を重合させると，直線状の高分子しか生成しない．重合に関与する二重結合を二つ以上有する物質を加えると，直線状の高分子の間に橋渡しができる．このような橋渡しの機能をもつ物質を架橋剤という．

ンゼンの割合を変えることで，樹脂の強度や孔の サイズを制御できる．

スチレンまたはジビニルベンゼンのベンゼン環に，表7.1のような官能基を導入するとイオン交換樹脂になる．

一般に，イオン交換樹脂は，次の3種類に分類できる．

- 陽イオン交換樹脂（cation-exchange resin）
- 陰イオン交換樹脂（anion-exchange resin）
- キレート樹脂（chelate resin）

■表7.1■ イオン交換樹脂の分類

樹 脂	性 質	官能基の代表例
陽イオン交換樹脂	強酸性	$-SO_3^-$
	弱酸性	$-COO^-$
陰イオン交換樹脂	強塩基性	$-N(CH_3)_3^+$
	弱塩基性	$-NH(CH_3)_2^+$
キレート樹脂	—	$-N(CH_2COO^-)_2$

7.1.1 陽イオン交換樹脂

陽イオン交換樹脂は，陽イオンを可逆的[*2]に交換できる樹脂である．陽イオン交換樹脂中のベンゼン環には，図7.3のようにスルホ基（$-SO_3^-$）やカルボキシル基（$-COO^-$）などが導入され，陰イオン性になっている．

スルホ基は，強酸性条件下でも陰イオンとして存在するため，陽イオン交換樹脂として機能する．一方，カルボキシル基は強酸性条件下では非解離形になるため，カルボキシル基が導入された樹脂は，弱酸性からアルカリ性の条件下でのみ陽イオン交換樹脂としてはたらく．

イオン交換剤として作用するpH領域が異なる性質から，前者は**強酸性**陽イオン交換樹脂，後者は**弱酸性**陽イオン交換樹脂といわれる．

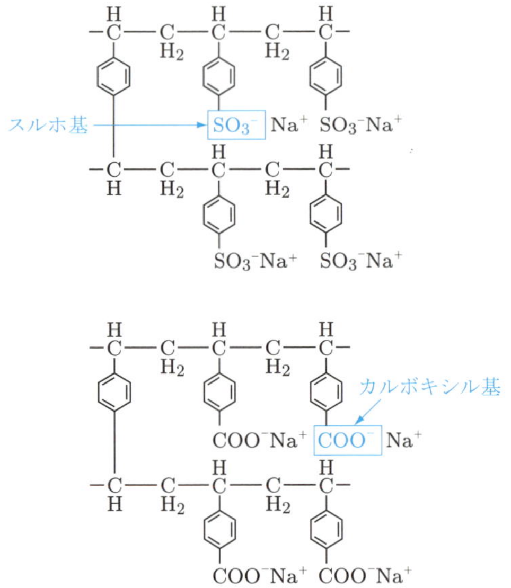

7.1.2 陰イオン交換樹脂

陰イオン交換樹脂は，陰イオンを可逆的に交換できる樹脂で，樹脂のベンゼン環には，第四級アルキルアンモニウム基（$-N(C_nH_{2n+1})_3^+$，図7.4参照）や第三級アルキルアミノ基（$-N(C_nH_{2n+1})_2$）が導入されている．第四級アルキルアンモニウム基は，強酸性でも強アルカリ性条件下でも，陽イオンとして存在する．

一方，第三級アルキルアミノ基は，酸性から弱アルカリ性条件下では水素イオンH^+が付加し，$-NH(C_nH_{2n+1})_2^+$という陽イオンになるが，強アルカリ性条件下では無電荷のままである．

そのため，第四級アルキルアンモニウム基を有するイオン交換樹脂は**強塩基性**陰イオン交換樹脂，第三級アルキルアミノ基を有するイオン交換樹脂

●図7.3● ナトリウムイオンNa^+形陽イオン交換樹脂の部分構造

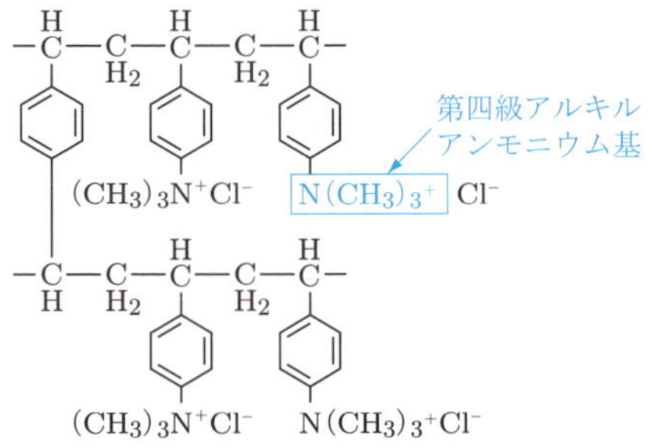

●図7.4● 塩化物イオンCl^-形強塩基性陰イオン交換樹脂の部分構造

---

*2　一方向の反応だけでなく，逆の反応も起こることをいう．イオン交換が可逆的であれば，化学的な処理を行うことによってイオン交換樹脂は再生され，再使用される．

は**弱塩基性**陰イオン交換樹脂といわれる．

また，陽イオン交換樹脂と陰イオン交換樹脂の名称については，最初に捕捉されているイオンを頭につけることがある．たとえば，図7.3や図7.4に示した樹脂は，それぞれナトリウムイオンNa^+形陽イオン交換樹脂や塩化物イオンCl^-形陰イオン交換樹脂といわれる．

7.1.3 キレート樹脂

キレート樹脂[*3]は，金属イオンとキレートを生成する官能基をベンゼン環に化学結合させたものである（図7.5参照）．官能基の代表例として，イミノ二酢酸基（$-N(CH_2COO^-)_2$）[*4]があるが，ほかにもいくつかの官能基が知られている．このようなキレート樹脂は，通常弱酸性から中性領域で機能する．

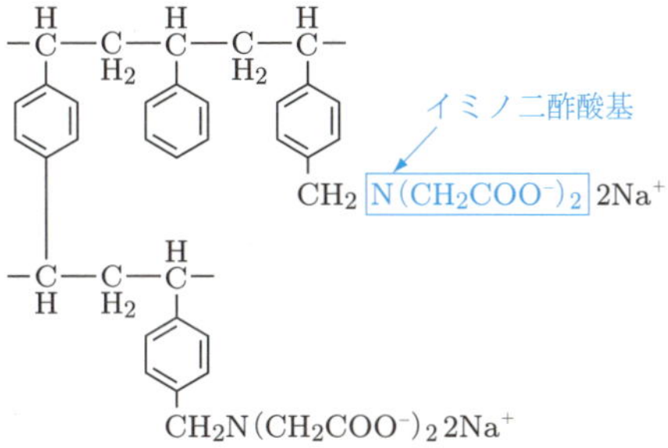

● 図7.5 ● イミノ二酢酸基を有するキレート樹脂の部分構造

7.2 イオン交換平衡

ナトリウムイオンNa^+形の陽イオン交換樹脂上における陽イオンの交換を考えてみよう．その概念図を図7.6に示す．樹脂上に存在するナトリウムイオンは，単独では水溶液中に脱離することはできないが，カリウムイオンK^+のようなほかのイオンが水溶液中に存在すると，樹脂はカリウムイオンを捕捉し，ナトリウムイオンは脱離することができる．この現象をイオン交換という．

樹脂上において，2種類のイオンが交換する過程は可逆であり，十分な時間がたつと平衡に達する．これを**イオン交換平衡**という．

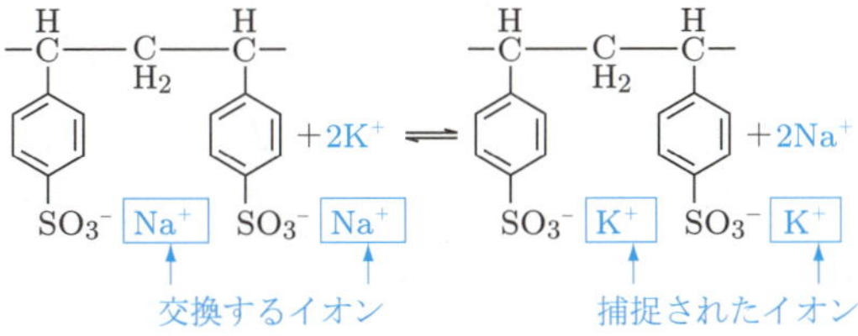

7.2.1 イオン交換平衡

陽イオン交換樹脂におけるイオン交換平衡は，一般に次式のように書ける．

$$m\overline{A^{n+}} + nB^{m+} \rightleftharpoons mA^{n+} + n\overline{B^{m+}} \qquad (7.1)$$

上線は樹脂に存在していることを示し，上線がないものは水溶液中に存在していることを示す．この平衡式において，樹脂または水溶液に存在する陽イオンの総電荷が，平衡の左辺と右辺で同じ値になっていることに注目してほしい．

つまり，式(7.1)の左辺と右辺の樹脂に存在する陽イオンの総電荷は，それぞれ$m\times(+n)$と$n\times(+m)$であり，同一である．水溶液に関しても同一であることがわかる．陰イオン交換樹脂，キレート樹脂におけるイオン交換平衡においても，式(7.1)と同様の式が成立する．

7.2.2 交換容量

イオン交換の平衡式(7.1)から，単位質量1gのイオン交換樹脂中に存在するイオン交換基の量が，イオン交換樹脂の特性として重要であることがわ

● 図7.6 ● 陽イオン交換樹脂におけるナトリウムイオンNa^+とカリウムイオンK^+の交換平衡

[*3] 陽イオン性の金属イオンを交換する機能を持った樹脂であるが，一般に陽イオン交換樹脂という場合には，キレート樹脂は含まれない．
[*4] イミノジ酢酸基とよばれることもある．

かる．これには，交換容量[*5]（単位 mol g^{-1}）が用いられる．単位質量1g中に電荷数mのイオン交換基がn mol 存在する場合，交換容量は$m \times n$ mol g^{-1}と定められる．

例題 7.1

交換容量 6.0×10^{-3} mol g^{-1} の陽イオン交換樹脂0.20 gに，ナトリウムイオン Na$^+$ は最大どれだけ捕捉できるか．また，ニッケルイオン Ni^{2+} や鉄（Ⅲ）イオン Fe^{3+} の場合はどうか．物質量で答えよ．

解答　設問の陽イオン交換樹脂には，1価の交換基として考えると全部で $6.0 \times 10^{-3} \times 0.20 = 1.2 \times 10^{-3}$ mol が存在する．したがって，ナトリウムイオンでは 1.2×10^{-3} mol 捕捉される．
ニッケルイオンの場合，電荷数は +2 であるから，ナトリウムイオンの半分量捕捉されることになる．ゆえに 6.0×10^{-4} mol である．
同様に，鉄（Ⅲ）イオンでは 1/3 の量なので，4.0×10^{-4} mol 捕捉される．

7.2.3　選択係数

式(7.1)の交換平衡の平衡定数を K_A^B とすると，

$$K_\mathrm{A}^\mathrm{B} = \frac{[\overline{\mathrm{A}^{n+}}]^m [\mathrm{B}^{m+}]^n}{[\mathrm{A}^{n+}]^m [\overline{\mathrm{B}^{m+}}]^n} \tag{7.2}$$

と表される．このように交換平衡の平衡定数には，必ず A^{n+} と B^{m+} の2種類のイオンの濃度が現れる．ここで，樹脂に捕捉されているイオンの濃度は，単位質量の樹脂中に存在するイオンの物質量に相当し，単位は mol g^{-1} である．水溶液中の濃度はモル濃度で表し，単位は mol dm^{-3} である．K_A^B の値が大きいほど，イオン交換樹脂に捕捉されていた A^{n+} は，水溶液中の B^{m+} によって交換されやすい．すなわち，A^{n+} は水溶液中に溶出し，B^{m+} は樹脂に捕捉される．K_A^B の値が小さい場合は，反対の交換が起こりやすい．また，K_A^B は A^{n+} と B^{m+} の樹脂に対する親和性の違いを示す定数でもあるため，選択係数（selectivity coefficient）ともいわれる．以後，本書では選択係数という名称を用いる．

イオン交換樹脂には，市販のものから特別の目的のために合成されたものまで，さまざまな種類があり，特性も個々に異なる．したがって，選択係数の値もそれぞれの樹脂で異なる．

7.2.4　質量分布係数

単位質量1gの樹脂に捕捉されているイオンの物質量と，水溶液中のイオンのモル濃度の比は，質量分布係数 D_m[*6] として定義され，選択係数を用いて次のように表される．

$$D_{\mathrm{m,B}} = \frac{[\overline{\mathrm{B}^{m+}}]}{[\mathrm{B}^{m+}]} = \sqrt[n]{K_\mathrm{A}^\mathrm{B} \frac{[\overline{\mathrm{A}^{n+}}]^m}{[\mathrm{A}^{n+}]^m}} \tag{7.3}$$

分子と分母の単位が異なるため，D_m は無次元ではなく，dm^3 g^{-1} の単位をもつ．

一方，樹脂中のイオンの濃度の単位を水溶液のそれと一致させるために，樹脂を水溶液中に静置したときの見かけの体積（樹脂の隙間の水溶液を含む）当たりの物質量を樹脂中の濃度とすることもある．この場合，濃度の比は体積分布係数 D_v といわれる．単位は無次元である．

7.2.5　選択係数と質量分布係数の意味

選択係数と質量分布係数がもつ意味を理解しやすくするために，ナトリウムイオン形のイオン交換樹脂を，ナトリウムイオン，マグネシウムイオン Mg^{2+} およびカルシウムイオン Ca^{2+} を含む水溶液に加えることを考えよう．ナトリウムイオンとマグネシウムイオン，ナトリウムイオンとカルシウムイオンのそれぞれのイオン交換平衡および選択係数は次のように表される．

$$2\overline{\mathrm{Na}^+} + \mathrm{Mg}^{2+} \rightleftharpoons 2\mathrm{Na}^+ + \overline{\mathrm{Mg}^{2+}} \tag{7.4}$$

$$K_{\mathrm{Na}}^{\mathrm{Mg}} = \frac{[\mathrm{Na}^+]^2 [\overline{\mathrm{Mg}^{2+}}]}{[\overline{\mathrm{Na}^+}]^2 [\mathrm{Mg}^{2+}]} \tag{7.5}$$

[*5] 同じ定義ではあるが，交換容量の単位として，eq g^{-1} が慣習的に用いられる．
[*6] 第5章の溶媒抽出で分配比を説明した．概念はほぼ同じであるが，溶媒抽出では液間の分配平衡を扱い，イオン交換法では液相と固相間の平衡を取り扱っているために定義が異なる．

$$2\overline{Na^+} + Ca^{2+} \rightleftharpoons 2Na^+ + \overline{Ca^{2+}} \qquad (7.6)$$

$$K_{Na}^{Ca} = \frac{[Na^+]^2[\overline{Ca^{2+}}]}{[\overline{Na^+}]^2[Ca^{2+}]} \qquad (7.7)$$

ただし，樹脂中および水溶液中にナトリウムイオンは過剰に存在し，マグネシウムイオンとカルシウムイオンの直接の交換平衡はないものとする．このとき，マグネシウムイオンとカルシウムイオンの質量分布係数 $D_{m,Mg}$, $D_{m,Ca}$ は，それぞれ次のように表される．

$$D_{m,Mg} = \frac{[\overline{Mg^{2+}}]}{[Mg^{2+}]} = K_{Na}^{Mg}\frac{[\overline{Na^+}]^2}{[Na^+]^2} \qquad (7.8)$$

$$D_{m,Ca} = \frac{[\overline{Ca^{2+}}]}{[Ca^{2+}]} = K_{Na}^{Ca}\frac{[\overline{Na^+}]^2}{[Na^+]^2} \qquad (7.9)$$

同一の系内であるから $[\overline{Na^+}]/[Na^+]$ は同じ値であり，式(7.8)と式(7.9)から，

$$\frac{D_{m,Mg}}{D_{m,Ca}} = \frac{K_{Na}^{Mg}}{K_{Na}^{Ca}} \qquad (7.10)$$

となる．すなわち，質量分布係数の比は選択係数の比で決まることになる．たとえば，$K_{Na}^{Mg}/K_{Na}^{Ca}=0.60$ である場合，ナトリウムイオンの濃度を調整して $D_{m,Ca}=1.0\,dm^3\,g^{-1}$ にすると，$D_{m,Mg}=0.60\,dm^3\,g^{-1}$ となる．

例題 7.2 上記の例で，イオン交換樹脂が 1.0 g，水溶液が 1.0 dm³ であり，マグネシウムイオン Mg^{2+} とカルシウムイオン Ca^{2+} の初濃度が $1.0\times10^{-4}\,mol\,dm^{-3}$ であったとする．平衡時の $[Mg^{2+}]$，$[Ca^{2+}]$，$[\overline{Mg^{2+}}]$，$[\overline{Ca^{2+}}]$ をすべて求めよ．

解答 物質保存の法則から，

$$1.0\times10^{-4}\,mol\,dm^{-3}\times1.0\,dm^3 = [Mg^{2+}]\times1.0\,dm^3 + [\overline{Mg^{2+}}]\times1.0\,g$$

$$1.0\times10^{-4}\,mol\,dm^{-3}\times1.0\,dm^3 = [Ca^{2+}]\times1.0\,dm^3 + [\overline{Ca^{2+}}]\times1.0\,g$$

である．
次の式

$$\frac{[\overline{Mg^{2+}}]}{[Mg^{2+}]} = 0.60\,dm^3\,g^{-1},$$

$$\frac{[\overline{Ca^{2+}}]}{[Ca^{2+}]} = 1.0\,dm^3\,g^{-1}$$

から，すべてを連立させて解くと，次のようになる．

$$[Mg^{2+}] = 6.2\times10^{-5}\,mol\,dm^{-3}, \quad [\overline{Mg^{2+}}] = 3.8\times10^{-5}\,mol\,g^{-1},$$

$$[Ca^{2+}] = 5.0\times10^{-5}\,mol\,dm^{-3}, \quad [\overline{Ca^{2+}}] = 5.0\times10^{-5}\,mol\,g^{-1}$$

7.3 陽イオン交換樹脂の特徴

本節では，陽イオン交換樹脂の構造と機能について述べる．それに先立ち，陽イオン交換樹脂の官能基と陽イオンの間の相互作用であり，捕捉の主な原因となっている静電相互作用について触れる．

図7.7に実際の陽イオン交換樹脂の写真を示す．これらは球形であり，大きさがほぼそろっている．

7.3.1 静電相互作用

陽イオン交換樹脂と陰イオン交換樹脂のはたらきには，静電的な相互作用（引力[*7]と斥力[*8]）がきわめて重要である．その静電相互作用（electro-

---

[*7] 互いに引きあい，近づこうとする力．
[*8] 互いに反発し，離れようとする力．

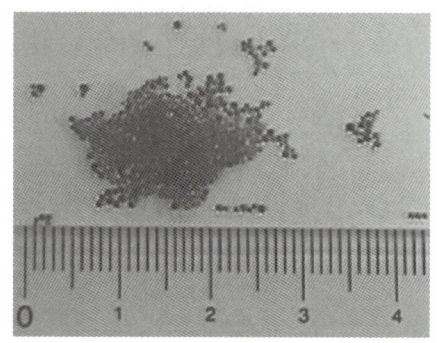

●図7.7● 市販の強酸性陽イオン交換樹脂

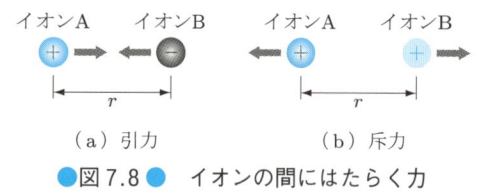

●図7.8● イオンの間にはたらく力
(a) 引力　(b) 斥力

static interaction）の概念を図7.8に示す．

イオンAとBが距離r離れているとき，その間にはたらく静電的なポテンシャル（またはエネルギー）Uは，真空中では次式で与えられる．

$$U = k\frac{Z_A Z_B e^2}{r} \tag{7.11}$$

ここで，kは比例定数[*9]，Zはイオンの電荷数（charge number），eは電気素量（elementary charge）である．Uが負に大きければ，二つのイオンの間に引力がはたらき，その状態が安定であることになる．式(7.11)から，次のような条件が満たされるとき，イオンAとBがより安定に存在することがわかる．

① 電荷の符号が異なる（$Z_A \times Z_B < 0$）．つまり引力がはたらく．
② Z_AやZ_Bが大きい．
③ rが小さい．

それぞれを，イオン交換樹脂に対するイオンの親和性の観点から考えると，

① 負の電荷をもつ官能基に，陽イオンが捕捉される．また，正の電荷をもつ官能基に，陰イオンが捕捉される．
② 電荷数の大きなイオンのほうが，イオン交換樹脂に対して親和性が高い．
③ イオン半径の小さなイオンのほうが，イオン交換樹脂に対して親和性が高い．

ということを意味している．①と②については特筆すべきことはないが，③については，次項のように水和イオンを考える必要がある．

7.3.2 イオン半径とイオンの水和

陽イオン，陰イオンにかかわらず，水溶液中のイオンのほとんどが水分子の衣をまとっている．これを**水和**（hydration）という．また水和しているイオンを**水和イオン**という．図7.9にイオンの水和の模式図を示す．陽イオンには水分子の酸素原子，陰イオンには水分子の水素原子が接近している．

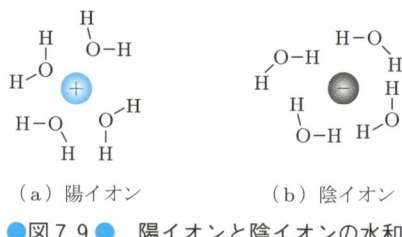

●図7.9● 陽イオンと陰イオンの水和
(a) 陽イオン　(b) 陰イオン

この水和している水分子も含めたイオンの半径を**水和イオン半径**という．それに対して，イオン本来の半径を**結晶イオン半径**[*10]という．

ところで，イオンが水和するときには熱を発する．これを**水和熱**（もしくは水和エンタルピー）という．一般に，結晶イオン半径が小さなものほど水和熱が大きく（エンタルピーでは"負に大きい"という），より強く水和して安定になる．したがって，結晶イオン半径の小さなイオンほど水和している水分子の数が多くなり，水和イオン半径は大きくなる．このため，結晶イオン半径と水和イオン半径の順番に逆転が起こる．

[*9] 国際単位系では$1/(4\pi\varepsilon_0)$に等しく（ε_0は真空の誘電率），約$9 \times 10^9 \text{ N m}^2\text{C}^{-2}$である．
[*10] 結晶中では，一般にイオンは水和しておらず，本来の大きさになっている．

図 7.10 にリチウムイオン Li^+ とセシウムイオン Cs^+ の例を示す．リチウムイオンの結晶イオン半径は 60 pm（$1\,pm=10^{-12}\,m$）であり，水和イオン半径は 340 pm と報告されている．リチウムイオンの水和イオンの半径は，結晶イオン半径の 6 倍弱である．これに対し，セシウムイオンではそれぞれ 169 pm と 228 pm であり，水和してもそれほど大きくならないことがわかる．結局，結晶イオン半径の小さなリチウムイオンのほうが，より多くの水分子によって水和されるため，水和イオン半径が大きくなる．

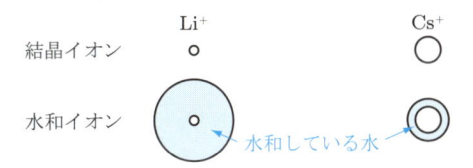

● 図 7.10 ● リチウムイオン Li^+ とセシウムイオン Cs^+ の結晶イオンと水和イオンの大きさの関係

7.3.3 陽イオン交換樹脂に対する親和性

陽イオンの例として，アルカリ金属イオンを取り上げる．陽イオン交換樹脂に対するアルカリ金属イオンの親和性の序列は，図 7.11 のようになる．

$$Li^+ \quad Na^+ \quad K^+ \quad Rb^+ \quad Cs^+$$
小 ←―――― 親和性 ――――→ 大

● 図 7.11 ● 陽イオン交換樹脂に対するアルカリ金属イオンの親和性の序列

原子番号の大きなイオンほど，結晶イオン半径は大きく，水和イオン半径は小さい．また，イオン交換樹脂に捕捉されるときは，通常陽イオンからの脱水和（dehydration）は起こらない．したがって，図 7.11 の序列は，7.3.1 項に述べた静電相互作用を用いて説明することができる．つまり，たとえばセシウムイオンは，リチウムイオンよりも水和イオン半径が小さく，イオン交換樹脂との静電相互作用による引力が大きいために，親和性が高い．

ところで，7.1 節で述べたように，陽イオン交換樹脂には強酸性と弱酸性があり，両者のはたらきには違いがある．

強酸性陽イオン交換樹脂から陽イオンを脱離させるには，必ずほかの陽イオンが必要であり，強く捕捉された多価の陽イオンを脱離させるためには，ほかのイオンが多量に必要である．これに対して，弱酸性の陽イオン交換樹脂は，強酸性にすると非解離形となって無電荷になるため，多価の陽イオンであっても容易に脱離させることができる．図 7.12 に例を示す．捕捉されているカルシウムイオン Ca^{2+} は，酸性の水溶液に接触させると溶出する．

別の言い方をすると，強酸性陽イオン交換樹脂は，強酸性条件下でも機能を失わないが，弱酸性陽イオン交換樹脂は，強酸性条件下ではイオン交換樹脂として機能しない．目的や使用する水溶液の特性に応じて，両者を使い分ける必要がある．

● 図 7.12 ● 弱酸性陽イオン交換樹脂からのカルシウムイオン Ca^{2+} の溶出

7.4 陰イオン交換樹脂の特徴

陰イオン交換樹脂に対しても，陽イオン交換樹脂と同様の説明が可能である．ただし，陰イオン交換樹脂の電荷は正であり，交換されるイオンの電荷は負である．陰イオンが陰イオン交換樹脂に捕捉されるときの相互作用も，式(7.11)で表される静電相互作用が主であり，捕捉されやすさの序列も陽イオンのときと同様である．

図 7.13 に，実際の陰イオン交換樹脂の写真を

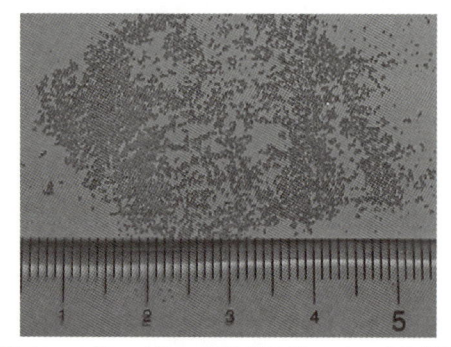

●図7.13● 市販の強塩基性陰イオン交換樹脂（塩化物イオン Cl^- 形）

■表7.2■ ある陰イオン交換樹脂における選択係数の例（塩化物イオン Cl^- に対する値）(S. Peterson, *Ann. N. Y. Acad. Sci.* 57 (1953) より抜粋)

イオン（X）	K_{Cl}^{X}
I^-	8.7
NO_3^-	3.8
Br^-	2.8
F^-	0.09
OH^-	0.09

示す．外見は，図7.7に示した陽イオン交換樹脂に似ている．

7.4.1 陰イオン交換樹脂に対する親和性

表7.2は，市販の陰イオン交換樹脂について得られた選択係数の値の例である．ハロゲン化物イオンの結晶イオン半径は，フッ化物イオン F^- が最も小さく，原子番号の増大とともに大きくなる．しかし，陰イオン交換樹脂に対する親和性は，フッ化物イオンが最も低い．このことは，陰イオンについても水和イオン半径を考える必要があることを示している．すなわち，フッ化物イオンの水和イオン半径が最も大きく，ヨウ化物イオン I^- の水和イオン半径が最も小さい．また，水酸化物イオン OH^- もフッ化物イオンと同程度に結晶イオン半径が小さく，水和イオン半径が大きいために，選択係数が非常に小さくなっている．

例題 7.3 表7.2の陰イオン交換樹脂が，最初，塩化物イオン Cl^- 形であったとする．これを臭化物イオン Br^- 形または水酸化物イオン OH^- 形に変えたい．どのような操作を行えばよいか．また，どちらが容易に行えるか．

解答 イオン交換樹脂の形を変えるには，高濃度の臭化物イオンの塩または水酸化物イオンの塩の水溶液と接触させ，イオン交換をさせればよい．表7.2の選択係数をみると，$K_{Cl}^{Br}=2.8$，$K_{Cl}^{OH}=0.09$ であるから，臭化物イオンのほうが水酸化物イオンより捕捉されやすい．したがって，臭化物イオン形に変えるほうが容易である．

7.1節で述べたように，陰イオン交換樹脂には強塩基性のものと弱塩基性のものがある．その違いは，陽イオン交換樹脂の場合とほぼ同じである．つまり，強塩基性陰イオン交換樹脂は強アルカリ性条件下でも機能を維持できるが，弱塩基性陰イオン交換樹脂は強アルカリ性条件下では水素イオンを放出して中性になるため，イオン交換の機能を失う．

7.4.2 金属クロロ錯体の捕捉

陰イオン交換樹脂のユニークな使用法を紹介しよう．一部の金属イオンは，高濃度の塩化物イオンの存在下で塩化物イオンと錯体を生成し，陰イオンのクロロ錯体になる．たとえば，次式のように，コバルトイオン Co^{2+} は高濃度の塩化物イオンの存在下で青色のクロロ錯体になる．

$$Co^{2+} + 4Cl^- \rightleftharpoons CoCl_4^{2-} \qquad (7.12)$$

実際には，高濃度の塩酸 HCl（2〜12 mol dm^{-3}）が使用される[*11]．この中で生成した陰イオンである金属クロロ錯体が，陰イオン交換樹脂上で，塩化物イオンとイオン交換を行う．水溶液中には

[*11] 塩化物イオン Cl^- の単純な無機塩は，水に対する溶解度が限られているので，10 mol dm^{-3} もの高濃度を実現することは難しい．塩化物イオンを高濃度に存在させるためには，塩酸が適している．

高濃度の塩化物イオンが存在するが，金属クロロ錯体は多価の陰イオンであることが多く，かつ水和イオン半径が小さいため，陰イオン交換樹脂に捕捉される．

以上のことから，陰イオン交換樹脂に対する金属クロロ錯体の分布係数は，クロロ錯体の全生成定数と，その錯体の電荷数，水和イオン半径，塩酸の濃度などに依存することがわかる．

たとえば，コバルトイオンとニッケルイオン Ni^{2+} は，原子番号が一つしか違わず，それらの結晶イオン半径もほぼ同じである．このようにコバルトイオンとニッケルイオンは，陽イオンとしての性質は類似しているが，塩化物イオンとの錯生成の性質はかなり異なる．すなわち，コバルトイオンは式(7.12)のように，高濃度の塩化物イオン存在下では陰イオンになるが，ニッケルイオンは塩化物イオンと錯体を生成しない．この性質の違いから，10 mol dm^{-3} 塩酸と陰イオン交換樹脂を用いて，両者を分離することが可能である．

7.5 キレート樹脂の特徴

本節では，キレート樹脂の構造と機能について述べる．

7.5.1 代表的なキレート樹脂

白金族元素などの有用な金属イオンやカドミウムイオン Cd^{2+} などの有害な金属イオンを濃縮・回収するときには，注目している金属イオンに対して選択性の高い樹脂が好まれる．このような目的にかなうものとして，キレート樹脂（chelate resin）が開発された．キレート樹脂は，これまで述べてきた静電相互作用に加えて，キレート生成[*12]の効果が付与されている．キレート樹脂の対象イオンは，キレートを作る金属イオンである．

複数の配位原子を有する多座配位子は，金属イオンとキレートを生成することが知られている．第4章で述べたエチレンジアミン四酢酸イオン（edta^{4-}）はその代表例である．edta^{4-} のほぼ半分の構造を有するイミノ二酢酸基 $-N(CH_2COO^-)_2$ を化学結合させたキレート樹脂による銅イオン Cu^{2+} の捕捉の例を図7.14に示す．イミノ二酢酸基の配位原子は，N，O，Oと三つであり，安定な錯体を生成する．また，edta^{4-} と同様に多くの金属イオンと錯生成する．edta^{4-} の錯生成能が有効にはたらくのは，中性からアルカリ性領域であるが，イミノ二酢酸基を結合させたキレート樹脂も，主に中性からアルカリ性領域で使用される．また，イミノ二酢酸基との錯生成定数が大きな金属イオンほど選択係数が大きい．

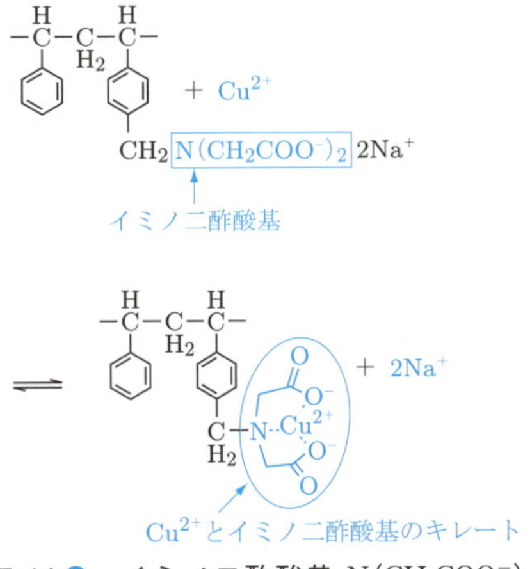

● 図7.14 ● イミノ二酢酸基-$N(CH_2COO^-)_2$ を結合させたキレート樹脂による銅イオン Cu^{2+} の吸着平衡

*12 p.54を参照のこと．

> **例題 7.4** イミノ二酢酸基 $-N(CH_2COO^-)_2$ を結合させたキレート樹脂から金属イオンを脱離させるためには，どのような操作を行えばよいか．
>
> **解答** ほかの金属イオンとの交換反応を利用して，注目している金属イオンを脱離させることもできるが，生成定数の大きな金属イオンが大量に必要であり現実的ではない．また，反応速度も遅くなることが予想される．
> イミノ二酢酸基は，pHを下げると水素イオン H^+ が付加して錯生成能を失うので，酸水溶液と接触させれば金属イオンを脱離させることができる．なお，キレート樹脂を再び活性化するためには，中性からアルカリ性の水溶液と接触させればよい．

7.5.2 その他のキレート樹脂

目的の多様化とともに，さまざまな多座配位子を結合させたキレート樹脂が開発されてきた．例として，図 7.15 にジベンゾ-18-クラウン-6 を結合させた樹脂の化学構造を示す．陽イオン交換樹脂では，水和イオン半径の小さなものほどより強く捕捉されるが，クラウンエーテルを結合させた樹脂では，その孔径に適した大きさの陽イオンがより強く捕捉される．ジベンゾ-18-クラウン-6 は，カリウムイオン K^+ に対して高い選択性を示すため，図 7.15 に示した樹脂もカリウムイオンに対する選択性が高い．

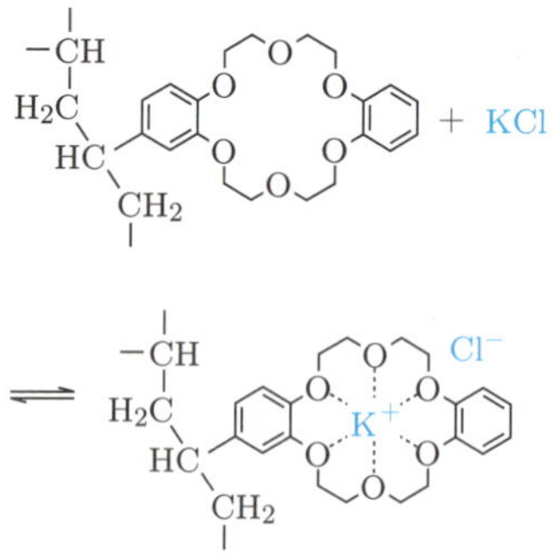

白金族のイオンに対しては，硫黄 S や窒素 N を配位原子とする配位子が高い選択性をもつため，頻繁に用いられている．このほか，錯体化学の知見を応用して，さまざまなキレート樹脂の開発が行われている．

金属イオンがキレート樹脂に捕捉される過程は，陽イオン交換樹脂に捕捉される過程と比べて，次のような違いがある．

① 金属イオンに水和している水の全部または一部が脱離する．
② ①のため，捕捉されるときの反応速度が遅い．
③ 安定な錯体が生成するため，脱離速度も遅い．
④ 選択性がさまざまに変化する．

以上の性質のため，キレート樹脂への金属イオンの捕捉には，一般的に時間がかかる．

●図 7.15● ジベンゾ-18-クラウン-6 を結合させたキレート樹脂によるカリウムイオン K^+ の吸着平衡

7.6 水溶液中の共存物質の影響

陽イオン交換樹脂，または陰イオン交換樹脂で用いられる官能基は，通常 2，3 種類に限られており，イオン間の選択性は樹脂によって大きく変化することはない．しかし，イオン間の選択性は，水溶液に添加した物質によって変えることができる．本節では，水溶液に添加する物質がイオンの分布係数に与える影響について学ぶ．

7.6.1 共存塩（主に無機塩）の影響

7.3 節で，陽イオン交換樹脂と強く相互作用するイオンについて述べた．このようなイオンは，ほかのイオンをイオン交換樹脂から脱離させる能力が高い．また，式(7.1)のイオン交換平衡においても，ルシャトリエの原理が成り立つ．

以上の 2 点から，イオン交換樹脂に捕捉されているイオンを脱離させるには，次のようなイオン

が望ましい．

- 電荷数が大きいこと
- 水和イオン半径が小さなこと
- 高濃度であること

たとえば，陽イオン交換樹脂に対するカルシウムイオン Ca^{2+} の捕捉と脱離を行うため，共存塩[*13]として塩化リチウム LiCl，塩化ナトリウム NaCl および塩化ストロンチウム $SrCl_2$ を同濃度で使用する場合について考えてみる．

カルシウムイオンの質量分布係数を $D_{m,Ca}$ とする．図 7.11 のように，ナトリウムイオン Na^+ のほうがリチウムイオン Li^+ よりイオン交換樹脂に対する親和性が高い[*14]．したがって，塩化リチウムの代わりに塩化ナトリウムを用いると，より少量のカルシウムイオンが樹脂に捕捉されることになる（$D_{m,Ca}$ が小さくなる）．ストロンチウムイオン Sr^{2+} は，ナトリウムイオンより電荷数が大きいため，陽イオン交換樹脂に対して親和性が高く，さらに少量のカルシウムイオンしか樹脂に捕捉されないことになる（$D_{m,Ca}$ がさらに小さくなる）．

一方，同一の共存塩をより高濃度で使用すると，樹脂に捕捉されるカルシウムイオンの量が減少する（$D_{m,Ca}$ が小さくなる）．

電荷数が同じで，異なる二つのイオンの質量分布係数の大小関係は，このような共存塩の種類や濃度によって変化することはない．たとえば，マグネシウムイオン Mg^{2+} とカルシウムイオンの質量分布係数 $D_{m,Mg}$，$D_{m,Ca}$ の間には，$D_{m,Mg} < D_{m,Ca}$ という関係がある[*15]．共存塩として塩化リチウム LiCl，塩化ナトリウムおよび塩化ストロンチウムのいずれを用いても，この質量分布係数の大小関係は変化しない．

7.6.2　酸・塩基の影響

弱酸性陽イオン交換樹脂や弱塩基性陰イオン交換樹脂，またはキレート樹脂の場合，その機能を発現させるために pH の調整は重要である．樹脂に対する影響と，分離されるイオンに対する影響について，順次考えてみる[*16]．

まず樹脂に注目すると，たとえば，弱酸性陽イオン交換樹脂は，高濃度の酸の存在下では，官能基の $-COO^-$ に水素イオン H^+ が付加して $-COOH$ になるため，イオン交換樹脂としての機能を失う．つまり，この樹脂を有効に使用するためには，低濃度の酸水溶液か，中性からアルカリ性の水溶液を使用する必要がある．

次に，分離されるイオンについて考える．酢酸 CH_3COOH やリン酸 H_3PO_4，アミノ酸などの弱酸もしくは弱塩基を分離する場合，pH によってそれらの解離度が変化するので，イオン交換樹脂への捕捉の程度も変わる．たとえば，酢酸の pK_a は 4.76 であるため，pH が 4 以下ではそのほとんどが酢酸という無電荷の形で存在し，陰イオン交換樹脂に捕捉されない．捕捉させるためには pH を 6 以上にする必要がある．すなわち，塩基を用いて水溶液の pH を上げなければならない．同様に，アルキルアミン類を陽イオン交換樹脂によって捕捉または分離する場合には，酸を用いて pH を下げる必要がある．

7.6.3　配位子の影響

陽イオン交換樹脂による金属イオンの捕捉は，水溶性の配位子の添加によってさまざまな影響を受ける．ここでは，簡単な例として，ナトリウムイオン形の陽イオン交換樹脂に対する銅イオン Cu^{2+} の交換平衡と，それに及ぼす配位子 Y^{4-}（たとえば $edta^{4-}$）の添加の影響について考える．

陽イオン交換樹脂に対するナトリウムイオンと銅イオンの質量分布係数をそれぞれ $D_{m,Na}$，$D_{m,Cu}$

[*13] 注目している物質以外に，存在している塩のことである．
[*14] ナトリウムイオン Na^+ のほうが，リチウムイオン Li^+ より水和イオン半径が小さいため，$D_{m,Li} < D_{m,Na}$ となる．
[*15] 7.2 節で述べたように，カルシウムイオン Ca^{2+} のほうが，マグネシウムイオン Mg^{2+} より水和イオン半径が小さいため，$D_{m,Mg} < D_{m,Ca}$ となる．
[*16] 第 3 章，第 4 章で述べた沈殿生成や錯体生成に対する pH の影響と同じように考えればよい．

とする．ナトリウムイオンと銅イオンの交換平衡は，式(7.13)で表され，$D_{m,Na}$ と $D_{m,Cu}$ の間には，式(7.15)のような関係がある．

$$2\overline{Na^+} + Cu^{2+} \rightleftarrows 2Na^+ + \overline{Cu^{2+}} \tag{7.13}$$

$$K_{Na}^{Cu} = \frac{[Na^+]^2 \overline{[Cu^{2+}]}}{\overline{[Na^+]}^2 [Cu^{2+}]} \tag{7.14}$$

$$D_{m,Cu} = \frac{\overline{[Cu^{2+}]}}{[Cu^{2+}]} = K_{Na}^{Cu}\left(\frac{\overline{[Na^+]}^2}{[Na^+]^2}\right)$$
$$= K_{Na}^{Cu} D_{m,Na}^2 \tag{7.15}$$

一方，銅イオンと Y^{4-} は，1:1の錯体 CuY^{2-} を水溶液中で生成し，その錯生成平衡は式(7.16)で表される．

$$Cu^{2+} + Y^{4-} \rightleftarrows CuY^{2-} \tag{7.16}$$

CuY^{2-} の錯生成定数を β_1 とすると，Y^{4-} 存在下における銅イオンの質量分布係数は，

$$D'_{m,Cu} = \frac{\overline{[Cu^{2+}]}}{[Cu^{2+}] + [CuY^{2-}]}$$
$$= \frac{\overline{[Cu^{2+}]}}{[Cu^{2+}](1+\beta_1[Y^{4-}])}$$

$$= \frac{1}{(1+\beta_1[Y^{4-}])} K_{Na}^{Cu}\left(\frac{\overline{[Na^+]}}{[Na^+]}\right)^2$$
$$= \frac{1}{(1+\beta_1[Y^{4-}])} K_{Na}^{Cu} D_{m,Na}^2 \tag{7.17}$$

となる．ただし，生成した CuY^{2-} は陰イオンであるため，陽イオン交換樹脂には捕捉されないことに注意する．

$D_{m,Cu}$ と $D'_{m,Cu}$ を比較すると，Y^{4-} を添加することによって，質量分布係数は $1/(1+\beta_1[Y^{4-}])$ 倍になることがわかる．つまり，錯生成定数が大きいほど，また Y^{4-} の濃度が高いほど，質量分布係数に大きな影響を与える．その影響は，定量的に式(7.17)で示される．この例のように，ある金属イオンに対して選択的な配位子があれば，その質量分布係数だけを変化させることが可能である．

実際には，リン酸 H_3PO_4 や有機酸などの弱い結合性を有する配位子が用いられることが多い．また，生成した錯体が陽イオンになることもあり，その場合には，その陽イオンの交換平衡も考慮しなくてはならない．

7.7 適用例

今日，イオン交換樹脂はさまざまなことに利用されている（表7.3参照）．ここでは，適用例とその簡単な原理について，いくつか紹介する．

■表7.3■　イオン交換樹脂の適用例

適用例	使用されている樹脂
水の精製	陽イオン・陰イオン交換樹脂
イオンクロマトグラフィー	陽イオン・陰イオン交換樹脂
希土類元素の分離	陽イオン交換樹脂
特定元素の濃縮・分離	陽イオン・陰イオン交換樹脂，キレート樹脂

7.7.1 イオン交換樹脂による水の精製

水の精製は，これまで主に蒸留法によって行われてきたが，最近では蒸留せずにイオン交換樹脂を用いて精製する方法が主流になっている．この方法では，水素イオン H^+ 形の陽イオン交換樹脂と，水酸化物イオン OH^- 形の陰イオン交換樹脂が用いられる．たとえば，水中に塩化ナトリウム $NaCl$ が不純物として溶解している場合を考えてみる．まず，水素イオン形の陽イオン交換樹脂に接触させると，式(7.18)のようにナトリウムイオン Na^+ と樹脂中の水素イオンが交換されるため，不純物は塩酸 HCl になる．

$$HC\text{-}\phi\text{-}SO_3^-H^+ + NaCl$$
$$\rightleftarrows HC\text{-}\phi\text{-}SO_3^-Na^+ + HCl \tag{7.18}$$

その後，水酸化物イオン形の陰イオン交換樹脂に接触させると，式(7.19)のように塩化物イオン Cl^- が水酸化物イオン OH^- に置換され，水素イ

オンと水酸化物イオンになる．両者は中和反応により水になるので，塩化ナトリウムが除去できたことになる．イオン性のものであれば，同じ機構で除去できる．

$$\begin{aligned}&\text{HC}-\text{C}_6\text{H}_4-\text{N(CH}_3)_3{}^+\text{OH}^- + \text{HCl} \\ &\rightleftharpoons \text{HC}-\text{C}_6\text{H}_4-\text{N(CH}_3)_3{}^+\text{Cl}^- + \text{H}_2\text{O}\end{aligned} \quad (7.19)$$

7.7.2 イオンクロマトグラフィー

イオンクロマトグラフィーは液体クロマトグラフィーの1種で，高い効率をもつイオンの分離手段の一つである．この方法を用いれば，分布係数がわずかにしか違わない数種類のイオンを同時に分離することができる．また，各イオンの濃度は伝導率や吸光度によって求めることができるため，イオンクロマトグラフィーはイオンの高感度分離分析法である．とくに陰イオンについては，ほかに高感度で効率的な分析法が少ないために，本分析法は有力である．

また，イオンクロマトグラフィーは，化学形態が異なる物質[*17]の分析にも用いることができる．たとえば，硫黄 S の酸化数の異なる亜硫酸イオン $SO_3{}^{2-}$ と硫酸イオン $SO_4{}^{2-}$ の例をあげることができる．両者の電荷数は同じであっても，水和イオン半径が異なるため，この方法によって分離できる．ただし，リン酸一水素イオン $HPO_4{}^{2-}$ とリン酸二水素イオン $H_2PO_4{}^-$ のように，相互の反応が速く，すぐに平衡に達するような物質の場合には，それぞれを分離することは不可能である．クロマトグラフィーの分析時間は数分から数十分程度であり，それよりも長い反応時間で平衡状態にある物質どうしの分析は可能である．

Coffee Break

海藻中のヒ素は無毒

食用になっている海藻には，かなりの量のヒ素 As が含まれているが，海藻でヒ素中毒になることはない．なぜなら，海藻に含まれているヒ素は無毒で安定な有機ヒ素であるからである．

強い毒性を示すヒ素は，無機の3価のヒ素であり，ほかに毒性の弱い無機の5価のヒ素も知られている．この例でも明らかなように，同じ元素であっても化学形態によって人体に与える影響が異なるため，元素の存在量だけではなく，その化学形態の分析がますます重要になってきている．

7.7.3 希土類元素の分離

陽イオン交換樹脂を用いた金属イオンの分離は，一般に選択性が乏しいために行われない．ところが，陽イオン交換樹脂を用いたイオンクロマトグラフィーの溶媒に次のような配位子を添加することによって，化学的な性質が酷似している希土類元素の分離が行われている．

図7.16にこの分離法の原理を示す．希土類元素のイオンは，3価の陽イオンである．また，原子番号の大きなものほど結晶イオン半径が小さく，したがって水和イオン半径は大きい．そのため，原子番号の大きな希土類元素の分布係数は小さい．

しかし，希土類元素の相互の分布係数の差はきわめてわずかであるため，イオンクロマトグラフィーを用いても，分離することは不可能である．ところが，α-ヒドロキシ酪酸 $CH_3CH_2CH(OH)COOH$

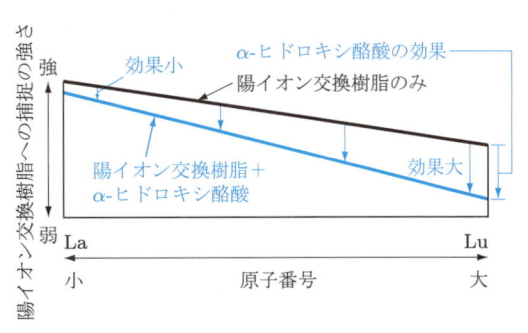

●図7.16● 陽イオン交換樹脂とα-ヒドロキシ酪酸による希土類元素の分離の原理

[*17] 同じ元素から構成される物質であっても，酸化数や結合している元素・官能基が異なるものを「化学形態が異なる」という．

を共存させ，pHを弱酸性（4付近）にすることにより，陽イオン交換樹脂のイオンクロマトグラフィーを用いて希土類元素のすべてを分離することが可能となる．分離が改善される主な理由は，水溶液中で希土類元素のイオンがα-ヒドロキシ酪酸と錯体を生成するためである．つまり，原子番号の大きな元素のほうが錯生成定数は大きいため，より安定な錯体を生成し，7.6.3項で述べたように分布係数が小さくなり，分離効率が高くなるのである．

7.7.4 特定元素の分離・濃縮

最後に，イオン交換樹脂やキレート樹脂を用いた特定元素の分離・濃縮について述べる．図7.17に，例として濃厚な塩化ナトリウム水溶液（海水のモデル）中に存在している微量の銅（Ⅱ）イオンCu^{2+}を分離して濃縮する具体的な過程をあげる．

まず，カリウムイオンK^+形の陽イオン交換樹脂を，試料溶液に入れて撹拌すると，電荷数の大きな銅（Ⅱ）イオンは，二つのカリウムイオンと交換して樹脂上に捕捉される．また，7.3.3項の図7.11の序列から，カリウムイオンのほうがナトリウムイオンよりも陽イオン交換樹脂に対して高い親和性を有する．そのため，ナトリウムイオンの大部分は試料溶液中に残る．交換平衡に達したあと，樹脂をろ過によって取り出し，少量の濃塩酸中に添加すると，高濃度の水素イオンによって，銅（Ⅱ）イオンやカリウムイオンは濃塩酸中に脱離される．イオン交換樹脂をろ別後，水溶液を加熱すれば過剰の塩酸を容易に除去できる．

以上の操作によって，高濃度の塩化ナトリウム水溶液から微量の銅（Ⅱ）イオンを分離できることになる．また，最初の試料溶液の体積が500 cm^3で，最後の濃塩酸の体積が10 cm^3であったとすると，50倍に濃縮できることになる．

図7.17は簡単な例であったが，イオン交換樹脂またはキレート樹脂を用いた分離法または濃縮法として，ほかにもさまざまな手法が考えられる．たとえば，7.4.2項で述べた金属クロロ錯体と陰

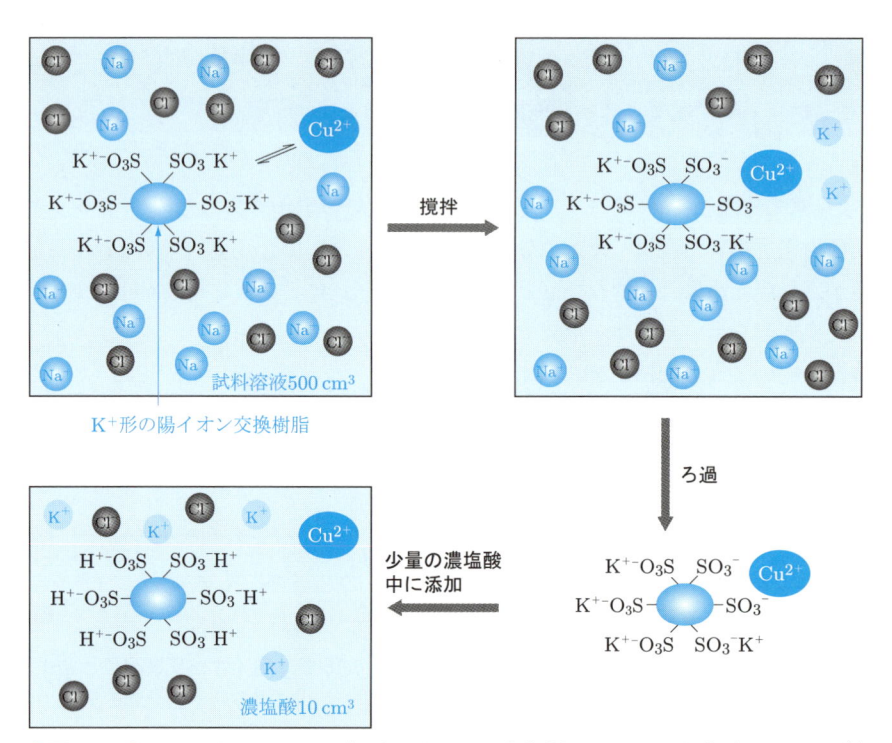

●図7.17● カリウムイオンK^+形の陽イオン交換樹脂を用いた銅（Ⅱ）イオンCu^{2+}の分離・濃縮の模式図

イオン交換樹脂を組み合わせることや，特定の元素に選択的なキレート樹脂を用いることなどである．

演・習・問・題・7

7.1 次のイオン交換の平衡式を示せ．ただし，樹脂に捕捉されたイオンは上線で示すこと．
(1) 水素イオン H^+ 形の陽イオン交換樹脂に，リチウムイオン Li^+ が捕捉される．
(2) ナトリウムイオン Na^+ 形の陽イオン交換樹脂に，カルシウムイオン Ca^{2+} が捕捉される．
(3) 水酸化物イオン OH^- 形の陰イオン交換樹脂に，塩化物イオン Cl^- が捕捉される．
(4) 塩化物イオン形の陰イオン交換樹脂に，硫酸イオン SO_4^{2-} が捕捉される．
(5) 塩化物イオン形の陰イオン交換樹脂に，テトラクロロ鉄（III）酸イオン $FeCl_4^-$ が捕捉される．

7.2 交換容量が 2.5×10^{-3} mol g^{-1} であるナトリウムイオン Na^+ 形の陽イオン交換樹脂が 1.00 g ある．次の問に答えよ．
(1) このイオン交換樹脂中にあるナトリウムイオンの総物質量はいくらか．
(2) イオン交換樹脂中のナトリウムイオンすべてを，カリウムイオン K^+ と交換させた．このとき，イオン交換樹脂は何 g になったか．ただし，水和水の重さは無視してよい．
(3) イオン交換樹脂中のナトリウムイオンすべてを，マグネシウムイオン Mg^{2+} と交換させた．捕捉されたマグネシウムイオンの物質量と重さを求めよ．
(4) イオン交換樹脂中のナトリウムイオンすべてを，鉄（III）イオン Fe^{3+} と交換させた．捕捉された鉄（III）イオンの物質量と重さを求めよ．

7.3 水酸化物イオン OH^- 形の陰イオン交換樹脂が 0.50 g ある．次の問に答えよ．
(1) 塩化ナトリウム NaCl 水溶液を用いて，陰イオン交換樹脂中のすべての水酸化物イオンを塩化物イオン Cl^- に交換したところ，塩化物イオンは 0.080 g 捕捉された．このことから，この陰イオン交換樹脂の交換容量を求めよ．
(2) (1)の操作で，イオン交換樹脂から外れた水酸化物イオンをすべて集めて 50 cm^3 の水溶液とした．この水溶液の pH はいくらか．

(3) (1)の操作後，さらに塩化物イオンをすべて硫酸イオン SO_4^{2-} に交換した．捕捉された硫酸イオンの物質量と重さを求めよ．

7.4 交換容量が 3.50×10^{-3} mol g^{-1} であるカリウムイオン K^+ 形の陽イオン交換樹脂が 0.320 g ある．これに，1.00×10^{-2} mol dm^{-3} の塩酸 HCl 100 cm^3 を加え，交換平衡にさせた．その後，水溶液中の塩酸の濃度を求めたところ，0.51×10^{-2} mol dm^{-3} であった．このとき，カリウムイオンの質量分布係数 $D_{m,K}$，水素イオン H^+ の質量分布係数 $D_{m,H}$，および選択係数 K_H^K を求めよ．ただし，水溶液の体積変化および樹脂の質量変化は無視してよい．

7.5 あるマグネシウムイオン Mg^{2+} 形のキレート樹脂（交換容量 1.2×10^{-3} mol g^{-1}）について，マグネシウムイオンに対するコバルトイオン Co^{2+} の選択係数 K_{Mg}^{Co} として 4.0 という値が得られている．樹脂を 0.5 g，水溶液を 50 cm^3 使用し，水溶液中のコバルトイオンを定量的に（99%以上）樹脂に捕捉させるためには，水溶液中のマグネシウムイオンをどのような範囲に保てばよいか．マグネシウムイオンはコバルトイオンに対して過剰に存在しているものとする．

7.6 電荷数のわからない陰イオン X^{n-} の水溶液がある．その濃度と体積は，それぞれ 4.2×10^{-3} mol dm^{-3}，50 cm^3 である．この水溶液に，交換容量 2.2×10^{-3} mol g^{-1} の塩化物イオン Cl^- 形の陰イオン交換樹脂 0.30 g 加えた．平衡後，水溶液中の塩化物イオンと X^{n-} の濃度を測定したところ，それぞれ 1.8×10^{-3} mol dm^{-3}，3.6×10^{-3} mol dm^{-3} であった．X^{n-} の電荷数 n を求めよ．

7.7 弱酸 HA（pK_a=4.5）と塩化ナトリウム NaCl の水溶液がある．塩化物イオン Cl^- 形の陰イオン交換樹脂に対する HA の質量分布係数 $D_{m,HA}$ を，pH 1, 2, 3, 4, 5, 6, 7, 8 において計算せよ．ここで，$D_{m,HA}$ は次式で定義される．

$$D_{m,HA} = \frac{[\overline{A^-}]}{[HA]+[A^-]}$$

ただし，水溶液中に塩化物イオンは過剰にあり，

pHが変化しても，塩化物イオンの質量分布係数は一定であるとする．なお，この塩化物イオンの濃度条件下で，A^- の質量分布係数は $0.50\,\mathrm{dm^3\,g^{-1}}$ である．

7.8 ニッケルイオン Ni^{2+} と 1:1 の反応比で錯生成する配位子 Y^{3-} がある．Y^{3-} の濃度を変えて，ナトリウムイオン Na^+ 形の陽イオン交換樹脂に対するニッケルイオンの質量分布係数 $D_{m,Ni}$ を測定したところ，表7.4のような値を得た．これから，NiY^- の錯生成定数を求めよ．ただし，水溶液中には高濃度のナトリウムイオン Na^+ が加えられており，Y^{3-} の添加によって，ナトリウムイオンの質量分布係数は変化しないものとする．

■表7.4■　ある配位子 Y^{3-} の濃度とニッケルイオン Ni^{2+} の質量分布係数 $D_{m,Ni}$ の関係

$[Y^{3-}]\ [10^{-3}\,\mathrm{mol\,dm^{-3}}]$	$D_{m,Ni}\ [\mathrm{dm^3\,g^{-1}}]$
0	1.30
1.0	1.00
2.0	0.83
3.0	0.69
4.0	0.60
10	0.34

付録　データ処理

分析化学も科学の一分野である限り，数値を取り扱うことが多い．しかも，扱う数値は測定値である．測定値は，数学における数字と性質が異なり，必ず測定誤差をともなう．放射能などでは発生過程そのものが確率過程であるため，固有の誤差を常にはらんでいる．数学で扱う数値と，物理や化学で扱う測定値としての数値の違いや，測定に伴う誤差について考えたことのなかった読者もいるかもしれない．

ここでは，化学における数値の性質と数値の取り扱い方を学ぶことにする．

A　有効数字，誤差と標準偏差

A.1　有効数字と数値の表し方

分析化学で扱う数値は必ず測定値である．事象を何らかの方法で数値化し読みとる．読みとられる数値には質量もあるし，体積（容量）もある．さらに放射線量もある．質量は精密な天秤で測定すると数gの物質が10^{-6}gの桁まで測定できる．この場合，読みとることができる値の桁数は7桁である．測定誤差に影響されないで読みとることのできる数値を有効数字といい，その桁数を有効桁数という．有効桁数は，ビュレットによる体積測定ならば，せいぜい4桁であるし，測定によっては2桁ということもあり得る．

数字の表し方によって，その数字がもつ意味が異なることに注意する．『0.1』と『0.100』は，測定の視点からみると異なる．『0.1』と書いた場合，有効数字は1桁であり，下2桁目については何の保証もない．0.08かもしれないし，0.12かもしれない．下2桁目は誤差が含まれていて，確定できなかったことを示している．

一方，『0.100』と書いた場合，有効数字は3桁であり，下3桁まで確定された値であることを示す．下4桁目は不確定である．

A.2　誤差と平均値

なぜ0.1と0.100が異なるのか．それは，測定された数値には必ず誤差が含まれるからである．よって，値を得るためには複数回の測定を行って平均値を求める．

このため，測定を複数回行い，値を平均し，測定値とする．平均の操作をして得られた値を平均値（mean value）という．平均値をもって測定値とする．

平均値$\bar{x}$は，n回の測定が行われた場合，次の式で与えられる．

$$\bar{x} = \frac{\sum_{i=1}^{n} x_i}{n} \tag{A.1}$$

ここで，x_iはi番目の測定値，Σは1からn番目までの測定値の和をとることを意味する．

真の値と測定値のずれを誤差（error）という．誤差には絶対誤差と相対誤差がある．絶対誤差とは，

$$\text{絶対誤差} = |\text{真の値} - \text{測定値}| \tag{A.2}$$

で定義され，相対誤差は次式で表される．

$$\text{相対誤差}(\%) = \frac{|\text{真の値} - \text{測定値}|}{\text{真の値}} \times 100 \tag{A.3}$$

なお，一般には真の値がいくらかを決めることは難しい．真の値に変わるものとして，標準試料に表示された値などで代用することが多い．

A.3　標準偏差

測定値が，どのくらいの範囲にあるかを示す指標が標準偏差（standard deviation, σ）[*1]である．標準偏差は次式で表される．

$$\sigma = \sqrt{\frac{\sum(x_i - \bar{x})^2}{n-1}} \tag{A.4}$$

ここで，nは測定値の数，x_iは測定値，$\bar{x}$は平均値である．標準偏差が小さければ，測定値のばらつきが小さいことを，大きければばらつきが大きいことを表している．ばらつきが小さいことを精度（precision）が高いといい，ばらつきが大きいことを精度が低い，あるいは精度が悪いという．nが十分大きいとき，平均

[*1] 正確には，標本（または不偏）標準偏差という．

値に対して $\bar{x}\pm\sigma$ の範囲の値をとるとすれば，全測定値の 68.3% が $\bar{x}\pm\sigma$ の範囲に入り，$\bar{x}\pm2\sigma$ とすれば，95.5% が $\bar{x}\pm2\sigma$ の範囲に入る．

注意すべきことは，単純に精度が高ければよいとはいえないことである．精度は高いが，真の値と異なるときがある．真の値と平均値とのずれを**確度**（accuracy）という．測定では，精度と確度が共に高い必要があるので，実験には細心の注意が必要である．

図 A.1 を見てみる．この図は横軸が測定値，縦軸は測定値が表れる頻度である．平均値は図の山形の曲線の中央に位置する．（a）の場合は，（b）に比べて平均値を中心とした山の広がりが小さい．これは標準偏差が小さいことを示すので，精度が高いことを示している．（b）は（a）に比べて精度が悪いことになる．

しかし，確度の観点からみると様相が異なる．（a）は精度は高いが，真の値から外れたところに平均値がある．すなわち，悪い結果を導いている．これに対して，（b）では平均値が真の値と近いので精度は悪いが，確度は高いということになる．

実際の測定にあたっては，（c）に示したような，精度，確度ともに高い測定を心がけなければならない．

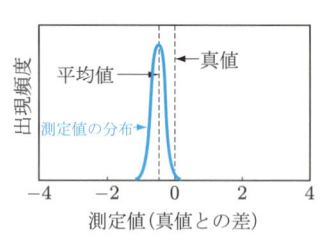

（a）精度は高いが，平均値が真値からずれている

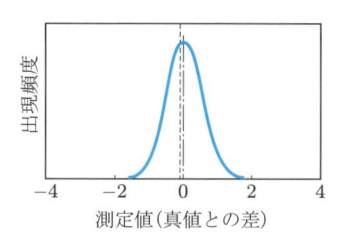

（b）精度は低いが，平均値と真値のずれは少ない

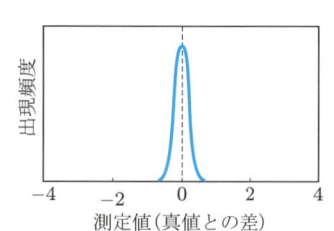

（c）平均値と真値のずれが小さく，しかも精度が高い

■図 A.1■　測定値と誤差

B　有効数字と数値の取り扱い

数値には誤差がともなうことが示された．数値によって，さまざまな誤差があるとき，それらの間の演算はどのようにしたらよいか．有効数字を考慮した数値の取り扱いを示す．

B.1　加減算

加減算では，有効桁数を小数点以下の桁数が最小の数値にあわせる．たとえば，

$$12.45 + 4.682 = 17.13 \tag{B.1}$$

となり，左辺第 2 項の下 3 桁目は切り捨てられる．最も小数点以下の桁数が少ない 12.45 という数値は，12.445 から 12.455 までの範囲の値を代表しているに過ぎない．よって，下 3 桁目を計算しても意味がないのである．

B.2　乗除算

乗除算でも有効桁数を最小の数値にあわせる．すなわち，

$$6.31 \times 2.458 = 15.5 \tag{B.2}$$

$$\frac{2.383}{5.36} = 0.444 \tag{B.2}'$$

である．これも加減算のときと同じである．

C　Q検定

実際の測定は何回か行われるので，1種類の実験で複数回の測定値が得られる．通常は，これらの平均値をとってデータとする．しかし，測定によっては，ある値がその他の値に比べてかけ離れた値が得られる場合があり，平均の操作に加えるべきかどうかにある判断に苦しむことがある．このような場合，検定を行って判断することが行われている．

C.1　Q検定

簡便に用いられる検定法として，Q検定とよばれる方法がある．

図C.1を見てみる．太い線で示した数直線状に，1から7までのデータがあるとする．1から6までのデータに比べて7のデータはかけ離れているようにみえる．1から7までのデータ全体の数直線状での幅Aとデータ7に最も近いデータ6との差Bを考えたとき，Q値はB/Aで与えられる．B/Aが検定の表に与えられている値より大きければ，1から6までのデータと7のデータがかけ離れていることを示している．

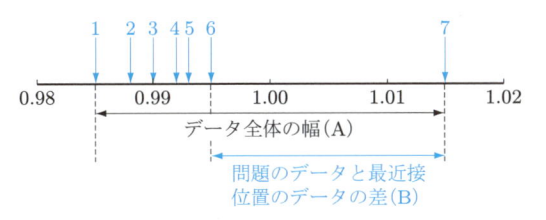

●図C.1●　Q検定の考え方

表C.1に，Q検定で用いられる$Q_{0.90}$の値を掲げた．$Q_{0.90}$は，測定回数と信頼限界90％の数値をまとめたものである．次に，表C.1の使い方を説明する．

7回の測定を行って，図C.1に示した（0.985, 0.988, 0.990, 0.992, 0.993, 0.995, 1.015）の7個の数値を得た場合を考えてみる．左から6個のデータの平均をとると0.991になるが，この値と最後のデータとはかけ離れているようにみえる．問題は，最後のデータをその他のデータと一緒に扱ってよいのかということである．

Q検定は次の手順で行われる．

① $Q_{0.90}$の表を使うために，まずデータ範囲を求める．この場合では，

データ範囲＝1.015－0.985＝0.030

である．

② 検定しようとするデータと，そのデータに最も近いデータの差をとる．すると，

最近接データとの差＝1.015－0.995＝0.020

である．

③ ①と②で得られた値を用いて，次式でQ値を計算する．

$$\text{Q値} = \frac{|\text{最近接データとの差}|}{|\text{データ範囲}|} \quad (C.1)$$

この例では，データ数7で

$$Q = \frac{0.020}{0.030} = 0.67$$

である．

④ 表C.1を参照する．表では，データ数7で$Q_{0.90}$値は0.51である．$Q > Q_{0.90}$であれば，問題となっているデータは他のデータと大きくかけ離れた位置に存在していることを示している．反対に，$Q < Q_{0.90}$であれば，ほかのデータの近傍に存在することを意味する．この例では$Q > Q_{0.90}$であるので，1.055のデータはほかのデータと一緒に扱うべきではないということになる．

■表C.1■　$Q_{0.90}$値

測定度数	3	4	5	6	7	8	9	10
$Q_{0.90}$	0.90	0.76	0.64	0.56	0.51	0.47	0.44	0.41

D 最小二乗法

分析化学，とくに機器分析では検量線が頻繁に用いられる．通常，検量線とは機器の応答と物質の濃度の関係を示す線である．検量線の関係は見た目で描くのではなく，統計的に最も確からしい線を描くことが望まれる．この目的のために，有力かつ簡便な最小二乗（自乗）法（least-squares method）が頻繁に用いられる．

検量線は複雑な関数になることもあるが，最も多く見られる例は直線関係（一次式）である．本節では，この直線関係を得る手法について述べる．

D.1 最小二乗法の基礎

いま，機器の応答と物質の濃度のように，一対の測定点が n 個得られたとし，それぞれを x_i, y_i ($i=1 \sim n$) とする．これらを x-y 平面に図示すると，たとえば，図 D.1 のようになる．

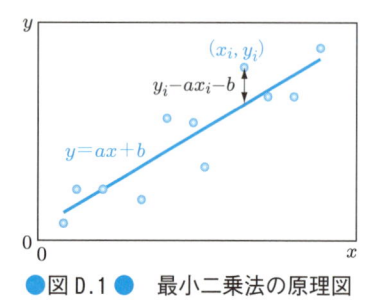

●図 D.1 ● 最小二乗法の原理図

これらすべての測定点を最もよく表す直線を，次のようにおく．

$$y = ax + b \tag{D.1}$$

a, b が未知数である．ここで，二乗和 z を式 (D.2) のように，実測値と直線の差の二乗の和と定義する．

$$z = \sum_{i=1}^{n}(y_i - ax_i - b)^2 \tag{D.2}$$

式 (D.2) 中の $y_i - ax_i - b$ は，図 D.1 に示されているように，直線と測定点の y の値の差に相当し，式 (D.2) に示すように，その差の二乗の総和が z である．z の値を最小にするような線が，測定点を最もよく再現している直線であると考える．最小二乗法の名称は，ここに由来している．また，このような線を表す式を近似式とよぶ．z の値を最小とするような a, b を求めるには，以下に示す数学的な手法を用いる．

式 (D.2) のように，z は a, b の二次関数であるから，z の最小値は，その極小値に一致する．したがって，次に示すように z を a と b でそれぞれ微分し，その値が 0 になるようにすればよい．

$$\begin{aligned}
\frac{dz}{da} &= \sum_{i=1}^{n} 2(-x_i)(y_i - ax_i - b) \\
&= -2\sum_{i=1}^{n}(x_i y_i - ax_i^2 - bx_i) \\
&= -2\left(\sum_{i=1}^{n} x_i y_i - a\sum_{i=1}^{n} x_i^2 - b\sum_{i=1}^{n} x_i\right)
\end{aligned} \tag{D.3}$$

$$\begin{aligned}
\frac{dz}{db} &= \sum_{i=1}^{n} 2(-1)(y_i - ax_i - b) \\
&= -2\sum_{i=1}^{n}(y_i - ax_i - b) \\
&= -2\left(\sum_{i=1}^{n} y_i - a\sum_{i=1}^{n} x_i - b\sum_{i=1}^{n} 1\right)
\end{aligned} \tag{D.4}$$

$dz/da = 0$, $dz/db = 0$ とおくと，次のようになる．

$$a\sum_{i=1}^{n} x_i^2 + b\sum_{i=1}^{n} x_i = \sum_{i=1}^{n} x_i y_i \tag{D.5}$$

$$a\sum_{i=1}^{n} x_i + bn = \sum_{i=1}^{n} y_i \tag{D.6}$$

これら 2 式を連立させて a, b について解くと，次のようになる．

$$a = \frac{n\sum_{i=1}^{n} x_i y_i - \sum_{i=1}^{n} x_i \sum_{i=1}^{n} y_i}{n\sum_{i=1}^{n} x_i^2 - \left(\sum_{i=1}^{n} x_i\right)^2},$$

$$b = \frac{\sum_{i=1}^{n} x_i^2 \sum_{i=1}^{n} y_i - \sum_{i=1}^{n} x_i \sum_{i=1}^{n} x_i y_i}{n\sum_{i=1}^{n} x_i^2 - \left(\sum_{i=1}^{n} x_i\right)^2} \tag{D.7}$$

D.2 最小二乗法を使った具体例

濃度を変えて吸光度の測定を行い，表 D.1 の結果を得たとする．これから，最小二乗法によって近似直線を求めてみる．

まず，横軸を濃度，縦軸を吸光度として，測定データをプロットして，図 D.2 を作成する．次に，式

■表 D.1 ■ 吸光度のデータの例（1 cm の光路長）

濃度 [mol dm^{-3}]	1.0×10^{-4}	2×10^{-4}	3×10^{-4}	4×10^{-4}	5×10^{-4}
吸光度	0.15	0.28	0.41	0.66	0.78

(D.7)を用いて，$y=ax+b$ の a および b を算出する．

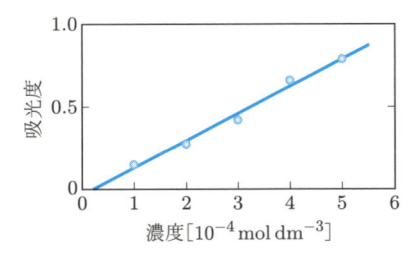

●図 D.2● 表 D.1 のデータに対応する図

$\sum_{i=1}^{n} x_i = 15 \times 10^{-4}$, $\sum_{i=1}^{n} x_i^2 = 55 \times 10^{-8}$,

$\sum_{i=1}^{n} y_i = 2.28$, $\sum_{i=1}^{n} x_i y_i = 8.48 \times 10^{-4}$, $n=5$

よって，

$$a = \frac{5 \times 8.48 \times 10^{-4} - 15 \times 10^{-4} \times 2.28}{5 \times 55 \times 10^{-8} - (15 \times 10^{-4})^2}$$
$$\fallingdotseq 1.64 \times 10^3$$

$$b = \frac{55 \times 10^{-8} \times 2.28 - 15 \times 10^{-4} \times 8.48 \times 10^{-4}}{5 \times 55 \times 10^{-8} - (15 \times 10^{-4})^2}$$
$$\fallingdotseq -0.036$$

となる．

近似直線は，$y=1.64 \times 10^3 x - 0.036$ である．これを直線で図 D.2 に示してある．この直線の傾きがモル吸光係数であり，$1.64 \times 10^3 \, \text{mol}^{-1} \, \text{dm}^3 \, \text{cm}^{-1}$ と求められる．また，本来 y 切片は 0 になるはずだが，得られた b が負の値となっている．b の値が 0 でなかったことから，データの信頼性がやや劣ることもわかる．

D.3 相関係数

測定点の直線性の指標として**相関係数** r (correlation coefficient) が用いられる．これは，次式のように定義されている．

$$r = \frac{1}{n} \sum_{i=1}^{n} \frac{(x_i - \overline{x})(y_i - \overline{y})}{s_x s_y} \qquad (D.8)$$

ここで，$\overline{x}$, $\overline{y}$ はそれぞれ x_i, y_i の平均値であり，s_x, s_y は次式で定義される試料標準偏差（標本標準偏差ともよばれる）である．

$$s_x = \sqrt{\frac{\sum (x_i - \overline{x})^2}{n}}, \quad s_y = \sqrt{\frac{\sum (y_i - \overline{y})^2}{n}} \qquad (D.9)$$

r の値の範囲は -1 から 1 までであり，その絶対値が 1 に近いほど直線性が高い．たとえば，すべての測定点がある一つの直線上にのる場合，r の絶対値は 1

になる．逆に，測定点にまったく直線性がない場合，$r=0$ となる．また，正の傾きをもつ（つまり右上がりの）関係では $r>0$，負の傾きをもつ関係では $r<0$ となる．$r>0$ と $r<0$ の関係は，それぞれ正の相関関係，負の相関関係とよばれる．

図 D.3 は，これらの関係を模式的に示している．

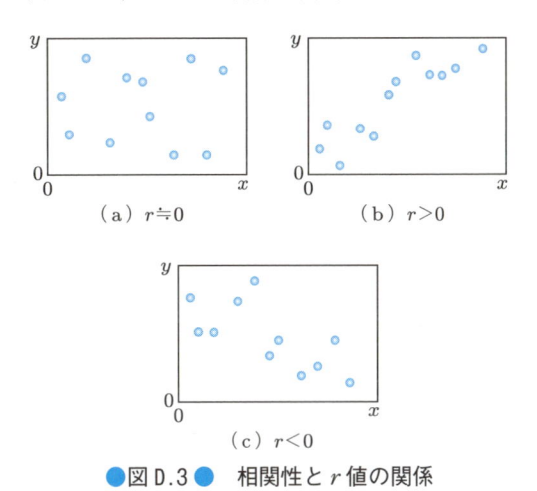

●図 D.3● 相関性と r 値の関係

D.4 原点を通る最小二乗法

実際の実験の解析では，特定の点を通過する近似式を求めたいことがある．たとえば，原点 (0, 0) が最もよい例であろう．この場合，

$$y = ax \qquad (D.10)$$

が近似式であり，これに対する二乗和 z は，次のようになる．

$$z = \sum_{i=1}^{n} (y_i - ax_i)^2 \qquad (D.11)$$

前述の方法と同様に z を a で微分し，それを 0 とおくと，

$$\begin{aligned}\frac{dz}{da} &= \sum_{i=1}^{n} 2(-x_i)(y_i - ax_i) \\ &= -2 \sum_{i=1}^{n} (x_i y_i - ax_i^2) \\ &= -2 \left(\sum_{i=1}^{n} x_i y_i - a \sum_{i=1}^{n} x_i^2 \right) = 0 \end{aligned} \qquad (D.12)$$

となる．したがって，

$$a = \frac{\sum_{i=1}^{n} x_i y_i}{\sum_{i=1}^{n} x_i^2} \qquad (D.13)$$

と求められる．ほかの特定点を通過する近似式も，同じような手法で求められる．

> **例題** $(0, c)$ を通過する直線の近似式を求めよ．
>
> **解答** 近似式は $y=ax+c$ である（ただし，c は定数）．二乗和 z は $z=\sum_{i=1}^{n}(y_i-ax_i-c)^2$ となり，ここから，$a=\dfrac{\left(\sum_{i=1}^{n}x_iy_i-c\sum_{i=1}^{n}x_i\right)}{\sum_{i=1}^{n}x_i^2}$ と求められる．

　近似式が一次式より高次式の場合，つまり一般に $y=a_mx^m+a_{m-1}x^{m-1}+a_{m-2}x^{m-2}+\cdots+a_1x+a_0$ として表される m 次式であっても，まったく同様の概念と手法によって，$a_m, a_{m-1}, \cdots, a_0$ の値を求めることが可能である．m 次式に対する最小二乗法は，線形 (linear) 最小二乗法とよばれる．ただし，測定点が未知数の数よりも多い，または同数でなければ値を求めることができない．

　最近では，これらの計算はパーソナルコンピューターのソフトウェアや電卓で簡単に行うことができるため，利用しやすくなっている．

付表

■付表1■ SI単位で用いられる接頭語

接頭語	大きさ	記号	接頭語	大きさ	記号
テラ（tera）	10^{12}	T	センチ（centi）	10^{-2}	c
ギガ（giga）	10^{9}	G	ミリ（milli）	10^{-3}	m
メガ（mega）	10^{6}	M	マイクロ（micro）	10^{-6}	μ
キロ（kilo）	10^{3}	k	ナノ（nano）	10^{-9}	n
ヘクト（hecto）	10^{2}	h	ピコ（pico）	10^{-12}	p
デカ（deca）	10^{1}	da	フェムト（femto）	10^{-15}	f
デシ（deci）	10^{-1}	d	アット（atto）	10^{-18}	a

■付表2■ 酸と塩基の解離定数

(a) 弱酸の解離定数

酸	化学式	pK_{a1}	pK_{a2}	pK_{a3}	pK_{a4}
無機酸					
ホウ酸	H_3BO_3	9.24			
次亜塩素酸	$HClO$	7.53			
シアン化水素酸	HCN	9.22			
炭酸	H_2CO_3	6.35	10.33		
フッ化水素酸	HF	2.85			
亜硝酸	HNO_2	3.15			
リン酸	H_3PO_4	2.15	7.20	12.35	
硫化水素	H_2S	7.07	12.20		
亜硫酸	H_2SO_3	1.91	7.18		
硫酸	H_2SO_4	（注1）	1.99		
有機酸（注2）					
ギ酸	$HCOOH$	3.75			
酢酸	CH_3COOH	4.76			
クロロ酢酸	$CH_2ClCOOH$	2.87			
プロピオン酸	CH_3CH_2COOH	4.66			
クエン酸	$C(CH_2COOH)_2(OH)COOH$	3.13	4.76	6.40	
コハク酸	$(CH_2COOH)_2$	4.21	5.64		
シュウ酸	$(COOH)_2$	1.27	4.27		
d-酒石酸	$(CH(OH)COOH)_2$	3.04	4.37		
フェノール	C_6H_5OH	10.00			
安息香酸	C_6H_5COOH	3.99			
o-フタル酸	$C_6H_4(COOH)_2$	2.95	5.41		
edta	$(CH_2N(CH_2COOH)_2)_2$	2.0	2.68	6.11	10.17

注1 硫酸の第1段は完全に解離する．
注2 解離する水素を太字で表した．

(b) **弱塩基の解離定数**

塩基	化学式	pK_b	塩基	化学式	pK_b
アンモニア	NH_3	4.71	ジエチルアミン	$(CH_3CH_2)_2NH$	3.02
ヒドロキシルアミン	$HONH_2$	8.30	アニリン	$C_6H_5NH_2$	9.38
エチルアミン	$CH_3CH_2NH_2$	3.33	ピリジン	C_5H_5N	8.67
ジメチルアミン	$(CH_3)_2NH$	3.14	トリメチルアミン	$(CH_3)_3N$	4.19

■付表3■ 溶解度積（25 ℃）

化合物	溶解度積	化合物	溶解度積
$AgBr$	5.2×10^{-13}	Hg_2Br_2	1.3×10^{-21}
Ag_2CO_3	8.1×10^{-12}	$HgBr_2$	8×10^{-20}
$Ag_2C_2O_4$	1.1×10^{-11}	$Hg_2C_2O_4$	3×10^{-14}
$AgCl$	1.78×10^{-10}	Hg_2Cl_2	2.0×10^{-18}
Ag_2CrO_4	4.1×10^{-12}	$HgCl_2$	2.6×10^{-15}
AgI	1.5×10^{-16}	Hg_2CrO_4	1.6×10^{-9}
Ag_3PO_4	1.3×10^{-20}	Hg_2SO_4	4.8×10^{-7}
Ag_2S	5.7×10^{-51} (20 ℃)	$MgCO_3$	2.6×10^{-5} (12 ℃)
$Al(OH)_3$	1.92×10^{-32} (30 ℃)	MgC_2O_4	8.6×10^{-5} (18 ℃)
$AlPO_4$	5.8×10^{-19}	MgF_2	7.1×10^{-9} (18 ℃)
$BaCO_3$	8×10^{-9}	MnS	1.4×10^{-15}
BaC_2O_4	1.7×10^{-7} (20 ℃)	NiS	1.4×10^{-24}
$BaCrO_4$	2.4×10^{-10} (28 ℃)	$PbBr_2$	7.9×10^{-5} (20 ℃)
BaF_2	1.7×10^{-6}	$PbCO_3$	3.3×10^{-14} (18 ℃)
$BaSO_4$	1.1×10^{-10}	PbC_2O_4	2.7×10^{-11} (18 ℃)
$CaCO_3$	9.9×10^{-9}	$PbCl_2$	1.0×10^{-4}
CaC_2O_4	2.6×10^{-9}	$PbCrO_4$	1.8×10^{-14} (18 ℃)
CaF_2	4.0×10^{-11}	PbF_2	3.2×10^{-8} (18 ℃)
$Ca_3(PO_4)_2$	2.0×10^{-29}	PbI_2	1.5×10^{-8}
$CaSO_4$	6.1×10^{-5} (10 ℃)	$Pb_3(PO_4)_2$	1.5×10^{-32} (18 ℃)
$CdCO_3$	3.5×10^{-12}	PbS	3.4×10^{-28} (18 ℃)
CdC_2O_4	1.5×10^{-8} (18 ℃)	$PbSO_4$	1.1×10^{-8} (18 ℃)
CdS	1.0×10^{-28}	SnS	8×10^{-29}
CoS	3×10^{-26} (18 ℃)	$SrCO_3$	1.6×10^{-9}
$CrPO_4$（緑）	2.4×10^{-23} (22 ℃)	SrC_2O_4	5.6×10^{-8} (18 ℃)
$CrPO_4$（紫）	1.0×10^{-17} (22 ℃)	$SrCrO_4$	3.6×10^{-5} (18 ℃ ?)
CuC_2O_4	2.9×10^{-8}	SrF_2	2.5×10^{-9} (18 ℃)
CuS	4×10^{-38}	$SrSO_4$	2.8×10^{-7} (18 ℃)
FeC_2O_4	2.1×10^{-7}	$ZnCO_3$	9.0×10^{-11}
$FePO_4$	1.3×10^{-22} (22 ℃)	ZnC_2O_4	1.4×10^{-9} (18 ℃)
FeS	1×10^{-19}	$Zn_3(PO_4)_2$	9.1×10^{-33} (22 ℃)

付表4　錯体の生成定数

配位子	金属イオン	$\log K_{f1}$	$\log \beta_2$	$\log \beta_3$	$\log \beta_4$	$\log \beta_5$	$\log \beta_6$
Cl^-	Ag^+	2.9	4.7	5.0	5.9		
	Cd^{2+}	1.6	2.1	1.5	0.9		
	Cu^{2+}	0.1					
	Fe^{3+}	0.6	0.7				
	Hg^{2+}	6.7	13.2	14.1	15.1		
	Mn^{2+}	0.6	0.8	0.4			
	Pb^{2+}	1.2	0.6	1.2			
	Sn^{2+}	1.2	1.7	1.7			
	Zn^{2+}	-0.2	-0.6	0.15			
CN^-	Ag^+		20.0	20.3	20.8		
	Cd^{2+}	6.0	11.1	15.7	17.9		
	Co^{2+}						
	Cu^{2+}		16.3	21.6	23.1		
	Fe^{2+}						35.4
	Fe^{3+}						43.6
	Hg^{2+}	17.0	32.8	36.3	39.0		
	Mn^{2+}						
	Ni^{2+}				30.2		
	Pb^{2+}						
	Zn^{2+}		11.1	16.1	19.6		
SCN^-	Ag^+	7.6	9.1	10.1			
	Cd^{2+}	1.4	2.0	2.6			
	Co^{2+}	1.0					
	Cu^{2+}	1.7	2.5	2.7	3.0		
	Fe^{3+}	2.3	4.2	5.6	6.4		
	Hg^{2+}		16.1	19.0	20.9		
	Mn^{2+}	1.2					
	Ni^{2+}	1.2	1.6	1.8			
	Pb^{2+}	0.5	0.9	-1	0.9		
	Zn^{2+}	0.5	0.8	0	1.3		
NH_3	Ag^+	3.31	7.22				
	Cd^{2+}	2.7	4.9	6.3	7.4	7.0	5.4
	Co^{2+}	2.0	3.5	4.4	5.1	5.1	4.4
	Cu^{2+}	4.2	7.8	10.8	13.0	12.4	
	Hg^{2+}	8.8	17.4	18.4	19.1		
	Mn^{2+}	1.0	1.5	1.7	1.3		
	Ni^{2+}	2.8	5.1	6.9	8.1	8.9	9.1
	Pb^{2+}	9.6	18.5	26.0	32.8		
	Zn^{2+}	2.4	4.9	7.4	9.7		
OH^-	Ag^+	2.0	3.99				
	Al^{3+}	9.0	(18.7)	(27.0)	33.0		
	Cd^{2+}	3.9	7.7	9.7	10.2		
	Co^{2+}	4.3	8.4		16.4		

■付表4■　錯体の生成定数（つづき）

配位子	金属イオン	$\log K_{f1}$	$\log \beta_2$	$\log \beta_3$	$\log \beta_4$	$\log \beta_5$	$\log \beta_6$
OH$^-$	Cu^{2+}	6.2		10.0	9.6		
	Fe^{2+}	4.5	7.4		34.4		
	Fe^{3+}	11.90	22.3	20.9			
	Hg^{2+}	10.60	21.8		7.7		
	Mn^{2+}	3.4		11			
	Ni^{2+}	4.1	8	13.9	15.6		
	Pb^{2+}	6.3	10.9	13.9			
	Zn^{2+}	5.0	10.2				
アセチルアセトン	H^+	8.8					
	Cd^{2+}	3.8	6.7				
	Co^{2+}	5.2	9.4				
	Cu^{2+}	8.2	14.8				
	Mg^{2+}	3.7	6.3				
	Mn^{2+}	4.2	7.3				
	Ni^{2+}	5.7	5.7				
	Zn^{2+}	4.7	7.9				
シュウ酸イオン	Ag^+	2.4					
	Al^{3+}	6.1	11.1	15.1			
	Cd^{2+}	2.7	4.1	5.1			
	Co^{2+}	4.7	7.0				
	Cu^{2+}	6.2	10.3				
	Fe^{2+}	3.1	5.2				
	Fe^{3+}	7.5	13.6	18.5			
	Hg^{2+}	9.7					
	Mn^{2+}	3.2	4.4				
	Ni^{2+}	5.16					
	Pb^{2+}	4.0	5.8				
	Zn^{2+}	3.9	6.4				
edta^{4-}	Ag^+	6.67					
	Al^{3+}	16.1					
	Ca^{2+}	10.6					
	Cd^{2+}	13.1					
	Co^{2+}	16.3					
	Cu^{2+}	18.8					
	Fe^{2+}	14.3					
	Fe^{3+}	25.0					
	Hg^{2+}	20.1					
	Mg^{2+}	8.7					
	Mn^{2+}	14.0					
	Ni^{2+}	18.6					
	Pb^{2+}	18.0					
	Zn^{2+}	16.4					

付表5　標準酸化還元電位 ($E°$)

半反応	$E°$ [V]	半反応	$E°$ [V]
$F_2 + 2e^- \rightleftharpoons 2F^-$	+2.87	$I_3^- + 2e^- \rightleftharpoons 3I^-$	+0.54
$MnO_4^- + 4H^+ + 3e^- \rightleftharpoons MnO_2 + 2H_2O$	+1.69	$I_2 + 2e^- \rightleftharpoons 2I^-$	+0.53
$Ce^{4+} + e^- \rightleftharpoons Ce^{3+}$	+1.61	$Cu^{2+} + 2e^- \rightleftharpoons Cu$	+0.34
$2BrO_3^- + 12H^+ + 10e^- \rightleftharpoons Br_2 + 6H_2O$	+1.52	$AgCl + e^- \rightleftharpoons Ag + Cl^-$	+0.22
$MnO_4^- + 8H^+ + 5e^- \rightleftharpoons Mn^{2+} + 4H_2O$	+1.51	$S_4O_6^{2-} + 2e^- \rightleftharpoons 2S_2O_3^{2-}$	+0.08
$Cl_2 + 2e^- \rightleftharpoons 2Cl^-$	+1.36	$2H^+ + 2e^- \rightleftharpoons H_2$	0.00
$Cr_2O_7^{2-} + 14H^+ + 6e^- \rightleftharpoons 2Cr^{3+} + 7H_2O$	+1.33	$Ni^{2+} + 2e^- \rightleftharpoons Ni$	−0.23
$O_2 + 4H^+ + 4e^- \rightleftharpoons 2H_2O$	+1.23	$Cd^{2+} + 2e^- \rightleftharpoons Cd$	−0.40
$MnO_2 + 4H^+ + 2e^- \rightleftharpoons Mn^{2+} + 2H_2O$	+1.23	$2CO_2 + 2H^+ + 2e^- \rightleftharpoons H_2C_2O_4$	−0.49
$IO_3^- + 6H^+ + 6e^- \rightleftharpoons I^- + 3H_2O$	+1.19	$Zn^{2+} + 2e^- \rightleftharpoons Zn$	−0.76
$Br_2 + 2e^- \rightleftharpoons 2Br^-$	+1.09	$Na^+ + e^- \rightleftharpoons Na$	−2.71
$Ag^+ + e^- \rightleftharpoons Ag$	+0.80	$K^+ + e^- \rightleftharpoons K$	−2.93
$Fe^{3+} + e^- \rightleftharpoons Fe^{2+}$	+0.77	$Li^+ + e^- \rightleftharpoons Li$	−3.03
$O_2 + 2H^+ + 2e^- \rightleftharpoons H_2O_2$	+0.69		

演習問題解答

演習問題 1

1.1 1.1.4 項を参照
(1) 249.7 (2) 158.0 (3) 331.8 (4) 171.3

1.2 溶液の濃度と体積に注意して物質量を求め，質量に変換する．
(1) 0.186 g (2) 0.128 g (3) 4.00×10^{-3} g

1.3 式量と質量の関係を理解する．
(1) 1.00×10^{-2} mol (2) 5.44×10^{-2} mol
(3) 6.06×10^{-2} mol

1.4 質量から物質量を求め，体積を考慮して濃度を求める．(6)では，はじめにエタノールと水の質量を求める必要があるが，その後の手順は(1)などと同じである．モル分率は式(1.3)を参照．(7)は，(6)に準じているが，体積も考慮に入れなければならない．
(1) 8.56×10^{-2} mol dm^{-3} (2) 1.19×10^{-1} mol dm^{-3}
(3) 8.83×10^{-1} mol dm^{-3} (4) 6.25 mol dm^{-3}
(5) 4.00×10^{-2} mol dm^{-3}
(6) 1.57 mol dm^{-3}, 3.06×10^{-2} (7) 6.03 mol dm^{-3}

1.5 電解質が溶解してイオンが生成することに着目し，共通のイオンを整理する．
(1) [Mg^{2+}] = 2.50×10^{-3} mol dm^{-3},
[K^{+}] = 3.75×10^{-3} mol dm^{-3},
[Cl^{-}] = 8.75×10^{-3} mol dm^{-3}
(2) [Mg^{2+}] = 4.50×10^{-2} mol dm^{-3},
[K^{+}] = 4.50×10^{-2} mol dm^{-3},
[Cl^{-}] = 1.35×10^{-1} mol dm^{-3}
(3) [Mg^{2+}] = 1.00 mol dm^{-3}, [H^{+}] = 0.200 mol dm^{-3},
[Cl^{-}] = 1.00 mol dm^{-3}, [NO$_3^{-}$] = 1.20 mol dm^{-3}

1.6 試薬を調製する問題で，実際の化学操作において重要である．いずれも物質量と溶液体積などの関係を明らかにすることによって解くことができる．
(1) 1.98 g (2) 900 cm^3
(3) 0.16 mol dm^{-3} (4) 1.00 mol dm^{-3}

1.7
(1) HNO$_3$ ⟶ H^{+} + NO$_3^{-}$
(2) CH$_3$COONa ⟶ CH$_3$COO^{-} + Na^{+},
CH$_3$COO^{-} + H$_2$O ⇌ CH$_3$COOH + OH^{-}
(2.5 節参照)
(3) KH$_2$PO$_4$ ⟶ K^{+} + H$_2$PO$_4^{-}$,
H$_2$PO$_4^{-}$ ⇌ HPO$_4^{2-}$ + H^{+},
H$_2$PO$_4^{-}$ + H$_2$O ⇌ H$_3$PO$_4$ + OH^{-}
HPO$_4^{2-}$ ⇌ PO$_4^{3-}$ + H^{+}
(2.7.4 項に詳しい記述がある．)
(4) Ag^{+} + Br^{-} ⇌ AgBr
(5) OH^{-} + H^{+} ⇌ H$_2$O

演習問題 2

2.1 例題 2.2, 3 を参照．

	pOH	[OH^{-}]	[H^{+}]
(1)	5.20	6.31×10^{-6} mol dm^{-3}	1.58×10^{-9} mol dm^{-3}
(2)	12.90	1.26×10^{-13} mol dm^{-3}	7.94×10^{-2} mol dm^{-3}
(3)	8.40	3.98×10^{-9} mol dm^{-3}	2.51×10^{-6} mol dm^{-3}

2.2 例題 2.2, 3 を参照．

	pH	pOH	[OH^{-}]
(1)	6.22	7.78	1.67×10^{-8} mol dm^{-3}
(2)	2.05	11.95	1.11×10^{-12} mol dm^{-3}
(3)	9.52	4.48	3.33×10^{-5} mol dm^{-3}
(4)	5.70	8.30	5.00×10^{-9} mol dm^{-3}

2.3 物質量と体積の関係，および中和反応が基礎である．
(1) 0.400 mol dm^{-3} (2) 4.24×10^{-7} mol dm^{-3}
(3) 2.50×10^{-2} mol dm^{-3}

2.4 式(2.42)を使う．
(1) 4.25×10^{-5} (2) 3.99×10^{-8} (3) 6.31×10^{-10}

2.5 問 2.4 と同様に考える．
$K_a = 1.81 \times 10^{-5}$, $pK_a = 4.74$

2.6 2.4.2 項と 2.4.3 項を参照．
(1) $c_{HF} = [HF] + [F^{-}]$ (2) $[H^{+}] = [F^{-}] + [OH^{-}]$
(3) 3.12×10^{-3} mol dm^{-3} (4) 3.12×10^{-1}

2.7 式(2.47)を使って α を計算する．求められている答えは $[C_6H_5COO^{-}]/[C_6H_5COOH]$ の比であることに着目する．pH が 2.00, 5.00, 9.00 のとき，それぞれ，1.02×10^{-2}, 1.02×10^{1}, 1.02×10^{5} である．または，式(2.7)を使う．

2.8 2.4.2 項，2.4.4 項，2.5 節を参照．
(1) 2.24×10^{-7} mol dm^{-3} (2) 2.45×10^{-6} mol dm^{-3}
(3) 2.32×10^{-11} mol dm^{-3} (4) 1.84×10^{-10} mol dm^{-3}
(5) 9.32×10^{-10} mol dm^{-3} (6) 2.50×10^{-11} mol dm^{-3}
(7) 6.31×10^{-8} mol dm^{-3}

2.9 例題 2.12 を参照．
$\alpha(H_2S) = 9.74 \times 10^{-1}$, $\alpha(HS^{-}) = 2.62 \times 10^{-2}$,
$\alpha(S^{2-}) = 5.23 \times 10^{-9}$

2.10 2.7.3 項を参照．
9.23×10^{-5}

2.11 2.6 節，2.7.4 項（b）を参照．
(1) $\dfrac{c_{CH_3COO^{-}}}{c_{CH_3COOH}} = 1.74$ (2) $\dfrac{c_{HPO_4^{2-}}}{c_{H_2PO_4^{-}}} = 0.63$
(3) $\dfrac{c_{CO_3^{2-}}}{c_{HCO_3^{-}}} = 4.68 \times 10^{-1}$

2.12 2.7 節を参照して考える．
1.17 g

2.13
(1) 1.86×10^{-3} mol dm^{-3} (2) 1.86×10^{-9} mol dm^{-3}

(3) 1.22×10^{-4} mol dm^{-3} (4) 2.75
(5) 酢酸溶液 26.6 cm^3　酢酸ナトリウム溶液 73.4 cm^3

演習問題 3

3.1 例題 3.3 を参照.
(1) 7.21×10^{-7} mol dm^{-3} (2) 7.81×10^{-3} mol dm^{-3}
(3) 1.01×10^{-4} mol dm^{-3} (4) 2.92×10^{-2} mol dm^{-3}
(5) 7.94×10^{-7} mol dm^{-3}

3.2 例題 3.3 を元に考える.
4.00×10^{-12}

3.3 例題 3.2 を元に考える.
9.32×10^{-4} g

3.4 問 3.3 と同じように考える.
1.49×10^{-3} g

3.5 例題 3.4 参照.
2.60×10^{-10} mol dm^{-3}

3.6 例題 3.4 と 3.2 節参照
(1) 4.95×10^{-6} mol dm^{-3} (2) 2.03×10^{-6} mol dm^{-3}
(3) 8.00×10^{-7} mol dm^{-3} (4) 1.65×10^{-11} mol dm^{-3}
(5) 4.00×10^{-6} mol dm^{-3}

3.7 3.2 節を参照.
$[Ag^+]=1.78\times10^{-5}$ mol dm^{-3},
$[Pb^{2+}]=5.00\times10^{-2}$ mol dm^{-3}

3.8 3.2 節参照
(1) 1.10×10^{-8} mol dm^{-3} (2) 6.10×10^{-3} mol dm^{-3}
(3) 1.80×10^{-8} mol dm^{-3}
(4) 6.10×10^{-3} mol dm$^{-3}>[SO_4^{2-}]$
$\geq 1.10\times10^{-5}$ mol dm^{-3}

3.9 硫酸ナトリウム Na_2SO_4 溶液では塩はすべて解離しているのに対し, 硫酸 H_2SO_4 溶液において, 硫酸は強酸であるが, 解離して生じた硫酸水素イオン HSO_4^- は弱酸であるために, すべて解離するわけではないことに注意して解く. 硫酸溶液中で 1.28×10^{-8} mol dm^{-3}, 硫酸ナトリウム溶液中では 1.10×10^{-9} mol dm^{-3} である.

3.10 例題 3.7 を参照.
pH<4.21

演習問題 4

4.1 例題 4.1 を参照.
(1) 3.12×10^{-9} mol dm^{-3} (2) 8.56×10^{-39} mol dm^{-3}
(3) 1.09×10^{-12} mol dm^{-3} (4) 1.11×10^{-15} mol dm^{-3}

4.2 例題 4.2 を参照.
$[NH_3]=0.100$ mol dm^{-3} のとき,
$[Co^{2+}]=1.23\times10^{-4}$ mol dm^{-3}
$[Co\,NH_3^{2+}]=1.23\times10^{-3}$ mol dm^{-3}
$[Co(NH_3)_2^{2+}]=3.87\times10^{-3}$ mol dm^{-3}
$[Co(NH_3)_3^{2+}]=3.08\times10^{-3}$ mol dm^{-3}
$[Co(NH_3)_4^{2+}]=1.54\times10^{-3}$ mol dm^{-3}
$[Co(NH_3)_5^{2+}]=1.54\times10^{-4}$ mol dm^{-3}
$[Co(NH_3)_6^{2+}]=3.08\times10^{-6}$ mol dm^{-3}　以下略.

4.3 4.4.1 項と 4.4.2 項を参照.
pH 2.00 では　$K_{fl}'=3.58\times10^{1}$　$\beta_2'=5.10\times10^{1}$
pH 5.00 では　$K_{fl}'=6.70\times10^{3}$　$\beta_2'=1.79\times10^{6}$
pH 8.00 では　$K_{fl}'=7.94\times10^{3}$　$\beta_2'=2.51\times10^{6}$ となる.

4.4 4.4.3 項を参照.
$[OH^-]=1.0\times10^{-1}$ mol dm^{-3} のとき, 2.00×10^{20}
$[OH^-]=1.0\times10^{-5}$ mol dm^{-3} のとき, 2.00×10^{12}
$[OH^-]=1.0\times10^{-9}$ mol dm^{-3} のとき, 2.07×10^{4}
$[OH^-]=1.0\times10^{-13}$ mol dm^{-3} のとき, 1.08

4.5 4.5 節を参照.
(1) 3.33×10^{-4} mol dm^{-3} (2) 5.03×10^{-6} mol dm^{-3}
(3) 1.12×10^{-7} mol dm^{-3} (4) 2.51×10^{-9} mol dm^{-3}

4.6 4.6 節の例題 4.3 を参照.
沈殿しない. 題意より, $[Ag^+]=6.27\times10^{-10}$ mol dm^{-3} となり, イオン積 $[Ag^+]^2[CrO_4^{2-}]$ は 4.3×10^{-21} となり, 溶解度積 4.1×10^{-12} より小さいからである.

演習問題 5

5.1 例題 5.1 を参照.
$K_D=0.111$, $D=0.111$

5.2 例題 5.2 を参照.
(1) 9.40×10^{-2} mol dm^{-3}, 94.0% (2) 98.7%

5.3 5.2 節を参照.
(1) 1.67×10^{-1} (2) 3.33×10^{-5}

5.4 5.2 節を参照.
(1) 4.88 (pH 4.0), 3.35 (pH 5.0),
1.94 (pH 5.5), 8.52×10^{-1} (pH 6.0),
2.99×10^{-1} (pH 6.5), 9.89×10^{-2} (pH 7.0)
(2) 略.
(3) 式(5.8)を変形すると
$$\frac{1}{D}=\frac{1}{K_D}+\frac{K_a}{K_D[H^+]}$$
となる. そこで, 縦軸を $1/D$, 横軸を $1/[H^+]$ として図を描くと, 切片が $1/K_D$, 傾き K_a/K_D の直線が得られる. 実際に図を描いて傾きと切片から, $K_D=5.08$, $K_a=5.04\times10^{-6}$ となる.

5.5 5.3 節を参照.
(1) 9.90×10^{-3} (2) 1.01×10^{-6}

5.6 5.3 節を参照.
分離可能である.
$K_{ex}(Cu^{2+})=1.44\times10^{2}$, $K_{ex}(Zn^{2+})=5.72\times10^{-6}$

演習問題 6

6.1
(1) 起こる. $Ni+2H^+ \longrightarrow Ni^{2+}+H_2$
(2) 起こらない.
(3) 起こる. $Mg+2H^+ \longrightarrow Mg^{2+}+H_2$
(4) 起こらない. (5) 起こらない.

6.2
(1) $1.61+0.059\times\log\left(\dfrac{1.0\times10^{-2}}{1.0\times10^{-3}}\right)=1.67$ V
(2) $0.77+0.059\times\log\left(\dfrac{2.0\times10^{-3}}{4.0\times10^{-2}}\right)=0.69$ V
(3) $-0.23+\dfrac{0.059}{2}\times\log(1.0\times10^{-3})=-0.32$ V

(4) $1.51 + \dfrac{0.059}{5} \times \log\left(2.0 \times 10^{-2} \times \dfrac{(1.0 \times 10^{-2})^8}{1.0 \times 10^{-3}}\right)$
$= 1.34 \text{ V}$

(5) $1.23 + \dfrac{0.059}{4} \times \log(0.2 \times (1.0 \times 10^{-2})^4) = 1.10 \text{ V}$

6.3 反応を二つの半反応に分け，それぞれのネルンストの式を書くと，次のようになる．

$$MnO_4^- + 8H^+ + 5e^- \rightleftharpoons Mn^{2+} + 4H_2O,$$

$$E = 1.51 + \dfrac{0.059}{5} \log \dfrac{[MnO_4^-][H^+]^8}{[Mn^{2+}]}$$

$$Fe^{3+} + e^- \rightleftharpoons Fe^{2+}, \quad E = 0.77 + 0.059 \log \dfrac{[Fe^{3+}]}{[Fe^{2+}]}$$

両方の電位が等しいとおくと，

$$0.74 \times 5 = 0.059 \log \dfrac{[Mn^{2+}][Fe^{3+}]^5}{[MnO_4^-][Fe^{2+}]^5[H^+]^8}$$

となる．これを解くと次のようになる．

$$\dfrac{[Mn^{2+}][Fe^{3+}]^5}{[MnO_4^-][Fe^{2+}]^5[H^+]^8} = 5.2 \times 10^{62} \text{ mol}^{-8} \text{ dm}^{24}$$

6.4 $\alpha = 1 + 10^{18.8} \times 1.0 \times 10^{-2} \approx 10^{16.8}$

である．式(6.61)を参考にすると，見かけ電位は，

$$0.34 \text{ V} - \dfrac{0.059}{2} \times \log(10^{16.8}) = -0.16 \text{ V}$$

である．酸化体の濃度が減少するので，電位が下がる．

6.5 式(6.55)と同様に考えると，見かけ電位は，

$$-0.40 + \dfrac{0.059}{2} \times \log(10^{-28}) = -1.23 \text{ V}$$

である．酸化体の濃度が減少するので，電位が下がる．

6.6
(1) 6 mol　(2) 2 mol　(3) 1 mol
(4) 2 mol　(5) 6 mol

6.7
(1) $E = 0.77 + 0.059 \times \log\left(\dfrac{1.0 \times 10^{-4}}{0.10}\right) = 0.59 \text{ V}$

である．メチレンブルーは $E_{ind} = 0.53 \text{ V}$ であるから，酸化体の青色になる．

(2) $E = 1.61 + 0.059 \times \log\left(\dfrac{2.0 \times 10^{-4}}{1.0 \times 10^{-2}}\right) = 1.51 \text{ V}$

である．ジフェニルアミンは $E_{ind} = 0.76 \text{ V}$ であるから，酸化体の紫青色になる．

(3) $E = -0.76 + \dfrac{0.059}{2} \times \log(0.10) = -0.79 \text{ V}$

である．エリオグラウシン A は $E_{ind} = 1.0 \text{ V}$ であるから，還元体の黄緑色になる．

(4) $E = 1.33 + \dfrac{0.059}{6} \times \log\left(\dfrac{0.10 \times (0.10)^{14}}{(3.0 \times 10^{-4})^2}\right) = 1.25 \text{ V}$

である．フェロインは $E_{ind} = 1.14 \text{ V}$ であるから，酸化体の淡青色になる．

6.8 1 mol のヨウ素酸カリウム KIO_3 は電子 6 mol を受容し，1 mol のチオ硫酸ナトリウム $Na_2S_2O_3$ は電子 1 mol を放出するから，反応比 1:6 である．チオ硫酸ナトリウムの濃度を x とおくと，

$$6 \times 1.014 \times 10^{-2} \times 0.01000 = x \times 0.03024$$

が成り立つ．このことから，次のようになる．
$$x = 2.012 \times 10^{-2} \text{ mol dm}^{-3}$$

6.9 1 mol の酸素分子 O_2 は電子 4 mol を受容し，1 mol のチオ硫酸ナトリウム $Na_2S_2O_3$ は電子 1 mol を放出するから，反応比 1:4 である．酸素の濃度を x とおくと，
$$1.06 \times 10^{-2} \times 0.00934 = 4 \times x \times 0.100$$

が成り立つ．このことから，次のようになる．
$$x = 2.48 \times 10^{-4} \text{ mol dm}^{-3}$$

演習問題 7

7.1
(1) $\overline{H^+} + Li^+ \rightleftharpoons H^+ + \overline{Li^+}$
(2) $2\overline{Na^+} + Ca^{2+} \rightleftharpoons 2Na^+ + \overline{Ca^{2+}}$
(3) $\overline{OH^-} + Cl^- \rightleftharpoons OH^- + \overline{Cl^-}$
(4) $2\overline{Cl^-} + SO_4^{2-} \rightleftharpoons 2Cl^- + \overline{SO_4^{2-}}$
(5) $\overline{Cl^-} + FeCl_4^- \rightleftharpoons Cl^- + \overline{FeCl_4^-}$

7.2
(1) $2.5 \times 10^{-3} \times 1.00 = 2.5 \times 10^{-3} \text{ mol}$

(2) 2.5×10^{-3} mol のナトリウムイオン Na^+ の質量は，
$$2.5 \times 10^{-3} \times 23.0 = 0.058 \text{ g}$$
であり，同じ物質量のカリウムイオン K^+ の質量は，
$$2.5 \times 10^{-3} \times 39.1 = 0.098 \text{ g}$$
である．ゆえに，0.040 g の質量の増加があったはずである．

したがって，イオン交換樹脂の質量は，1.04 g になる．

(3) マグネシウムイオン Mg^{2+} は，1.2×10^{-3} mol 捕捉されているはずである．その質量は，
$$1.2 \times 10^{-3} \times 24.3 = 0.030 \text{ g}$$
になる．

(4) 鉄 (Ⅲ) イオン Fe^{3+} は，0.83×10^{-3} mol 捕捉されているはずである．その質量は，
$$0.83 \times 10^{-3} \times 55.8 = 0.046 \text{ g}$$
になる．

7.3
(1) 0.080 g の塩化物イオン Cl^- は，
$$0.080 \div 35.4 = 2.2 \times 10^{-3} \text{ mol}$$
である．

したがって，交換容量は，4.4×10^{-3} mol g^{-1} となる．

(2) 水酸化物イオン OH^- は，2.2×10^{-3} mol 外れたはずである．水溶液の体積は 50 cm^3 であるから，濃度は 0.044 mol dm^{-3}，pH は 12.6 となる．

(3) 硫酸イオン SO_4^{2-} は，1.1×10^{-3} mol 捕捉されるはずである．よって，その質量は
$$1.1 \times 10^{-3} \times 96.1 = 0.10 \text{ g}$$
となる．

7.4 捕捉された水素イオン H^+ の物質量は，
$$(1.00 - 0.51) \times 10^{-2} \times 0.1 = 4.9 \times 10^{-4} \text{ mol}$$
樹脂中の水素イオンの濃度は，
$$4.9 \times 10^{-4} \div 0.320 = 1.5 \times 10^{-3} \text{ mol g}^{-1}$$
水溶液中の水素イオンの濃度は，
$$0.51 \times 10^{-2} \text{ mol dm}^{-3}$$
である．したがって，

$D_{m,H} = 1.5 \times 10^{-3} \div 0.51 \times 10^{-2} = 0.29 \, \text{dm}^3 \, \text{g}^{-1}$

となる.

一方，最初に樹脂中に存在したカリウムイオン K^+ の物質量は,

$3.50 \times 10^{-3} \times 0.320 = 1.12 \times 10^{-3} \, \text{mol}$

である．水素イオンと交換して，水溶液中に脱離した存在するカリウムイオンの物質量は，$4.9 \times 10^{-4} \, \text{mol}$，樹脂に残ったカリウムイオンの物質量は，$6.3 \times 10^{-4} \, \text{mol}$，樹脂中のカリウムイオンの濃度は，$2.0 \times 10^{-3} \, \text{mol g}^{-1}$ である．したがって,

$D_{m,K} = 2.0 \times 10^{-3} \div 4.9 \times 10^{-3} = 0.41 \, \text{dm}^3 \, \text{g}^{-1}$

$K_H^K = D_{m,K} \div D_{m,H} = 0.41/0.29 = 1.4$

となる.

7.5 まず，水溶液中に含まれていたコバルトイオン Co^{2+} の 99% 以上が樹脂に捕捉される条件を求める．初濃度および平衡濃度を，それぞれ $c_{Co,init}$，$c_{Co,eq}$ とすると，その条件は，$c_{Co,eq} \leqq c_{Co,init} \times 0.01$ である．減少量がすべて樹脂に捕捉されたとすると，質量分布係数 $D_{m,Co}$ は，

$D_{m,Co} = (c_{Co,init} - c_{Co,eq}) \times 0.05 \, \text{dm}^3 / (c_{Co,eq} \times 0.5 \, \text{g})$
$\geqq 9.9 \, \text{dm}^3 \, \text{g}^{-1}$

である．次に，$K_{Mg}^{Co} = 4.0$ より,

$D_{m,Mg} \geqq 9.9/4.0 = 2.5 \, \text{dm}^3 \, \text{g}^{-1}$

となる.

マグネシウムイオン Mg^{2+} が過剰という条件から，樹脂はほとんどマグネシウムイオンが占めると考えられるので，樹脂中のマグネシウムイオンの濃度は，$0.60 \times 10^{-3} \, \text{mol g}^{-1}$ である．

したがって，水溶液中のマグネシウムイオンの濃度は，

$[Mg^{2+}] \leqq 0.60 \times 10^{-3}/2.5 = 2.4 \times 10^{-4} \, \text{mol dm}^{-3}$

となる.

7.6 交換平衡は，次のように表される.

$n \, Cl^- + X^{n-} \rightleftharpoons n \, \overline{Cl^-} + \overline{X^{n-}}$

X^{n-} との交換によって，水溶液中に放出された塩化物イオン Cl^- の物質量は，

$1.8 \times 10^{-3} \times 0.05 = 9.0 \times 10^{-5} \, \text{mol}$

である．一方，樹脂に捕捉された X^{n-} の物質量は，水溶液中の減少量に等しい．したがって,

$(4.2 - 3.6) \times 10^{-3} \times 0.05 = 3.0 \times 10^{-5} \, \text{mol}$

である．物質量の比は，$Cl^- : X^{n-} = 3:1$ となり，ゆえに，$n = 3$ である.

7.7 $K_a = \dfrac{[H^+][A^-]}{[HA]}$,

$D_{m,HA} = \dfrac{[\overline{A^-}]}{[HA] + [A^-]} = \dfrac{[\overline{A^-}]}{[A^-]\left(\dfrac{[H^+]}{K_a} + 1\right)}$,

$\dfrac{[\overline{A^-}]}{[A^-]} = 0.50 \, \text{dm}^3 \, \text{g}^{-1}$

より，この式に値を代入して求めると，次のようになる.

pH	1	2	3	4	5	6	7	8
$D_{m,HA}[\text{dm}^3 \, \text{g}^{-1}]$	1.6×10^{-4}	1.6×10^{-3}	0.015	0.12	0.38	0.48	0.50	0.50

7.8 NiY^- は樹脂に捕捉されないことに注意する．錯生成定数を β_1 とすると,

$D_{m,Ni} = \dfrac{[\overline{Ni^{2+}}]}{[Ni^{2+}] + [NiY^-]} = \dfrac{[\overline{Ni^{2+}}]}{[Ni^{2+}](1 + \beta_1[Y^{3-}])}$

が成り立つ．$[Y^{3-}] = 0$ のとき，$D_{m,Ni} = 1.30$ より

$D_{m,Ni} = \dfrac{1.30}{(1 + \beta_1[Y^{3-}])}$

となる．この式に，$D_{m,Ni}$ および $[Y^{3-}]$ を代入すると，各 $[Y^{3-}]$ に対して，β_1 の値が次のように求められる.

$[Y^{3-}][10^{-3} \, \text{mol dm}^{-3}]$	1.0	2.0	3.0	4.0	10
$\beta_1[\text{mol}^{-1} \, \text{dm}^3]$	3.0×10^2	2.8×10^2	3.0×10^2	2.9×10^2	2.8×10^2

平均して，$\beta_1 = 2.9 \times 10^2 \, \text{mol}^{-1} \, \text{dm}^3$ である.

参考文献

■第1章
 1）基礎化学教育研究会（編）：やさしく学べる基礎化学，森北出版（2003）
 2）春山志郎（監），笹本忠・中村茂昭（編）：新編高専の化学 第2版，森北出版（2000）

■第2～5章
 1）H. Freiser, Q. Fernando, 藤永太一郎・関戸栄一（訳）：イオン平衡―分析化学における―，化学同人（1967）
 2）H. Freiser, 杤山修（訳）：分析化学 理論と計算，東京化学同人（1994）
 3）関根達也・浜田修一・長谷川佑子：化学平衡の計算，理学書院（1974）

■第6章
 1）藤嶋昭・相澤益男・井上徹：電気化学測定法（上），技報堂出版（1984）
 2）藤嶋昭・相澤益男・井上徹：電気化学測定法（下），技報堂出版（1984）

■第7章
 1）J. S. フリッツ，斎藤紘一（訳）：イオンクロマトグラフィー，産業図書（1985）

さくいん

英数字

α-ヒドロキシ酪酸　105
pH　13
Q 検定　111
1 塩基酸　12
2 相間分配平衡　65

あ

アクア錯体　53
アボガドロ定数　1
アンミン錯体　53
イオン化傾向　72
イオンクロマトグラフィー　105
イオン交換樹脂　93
イオン交換平衡　95
イミノ二酢酸基　95, 101
陰イオン交換樹脂　94, 99
ウインクラー法　90
塩基解離定数　17
塩基性　12
塩橋　73
塩の加水分解　24

か

解離定数　15
解離度　21
解離平衡　15
化学形態　105
化学式　1
化学平衡　4
確度　110
硬い酸　48
過マンガン酸カリウム　86, 91
カルボキシル基　94
緩衝能　28
緩衝溶液　27
起電力　74, 77
希土類元素　105
強塩基　11
強塩基性陰イオン交換樹脂　94, 100
強酸　11
強酸性陽イオン交換樹脂　94, 99
共通イオン効果　43
共役塩基　12
共役酸塩基対　12
キレート化合物　54
キレート樹脂　95, 101
キレート滴定　61

金属イオンの分属法　44
金属クロロ錯体　100
金属錯体　52, 68
金属指示薬　61
結晶イオン半径　98, 100
原子量　1
検定　111
検量線　112
交換容量　96
誤差　109
孤立電子対　53

さ

最小二乗法　112
錯イオン　54
錯生成定数　55
錯体　52
酸解離定数　17
酸化還元指示薬　88
酸化還元滴定　85, 90
酸化還元平衡定数　79
酸化数　72
参照電極　85
酸性　12
式量　2
式量電位　82
質量均衡　19
質量数　1
質量分布係数　96
ジベンゾ-18-クラウン-6　102
弱塩基　11
弱塩基性陰イオン交換樹脂　95, 100, 103
弱酸　11
弱酸性陽イオン交換樹脂　94, 99, 103
シュウ酸ナトリウム　86, 91
臭素酸カリウム　86
条件酸化還元電位　82
条件生成定数　59
水素イオン濃度　13
水溶液の電位　84
水和　52, 98
水和イオン　98
水和イオン半径　98, 100
水和熱　98
水和反応　53
スルホ基　94
精製　40
生成定数　55

静電相互作用　97
精度　109
正の相関関係　113
絶対誤差　109
線形最小二乗法　114
全生成定数　55
選択係数　96, 100
相関係数　113
相対誤差　109
組成式　2

た

第三級アルキルアミノ基　94
体積分布係数　96
第四級アルキルアンモニウム基　94
多塩基酸　12, 29
多座配位子　54
多酸塩基　12
脱水和　99
ダニエル電池　73
単座配位子　54
チオ硫酸ナトリウム　86, 90
逐次解離定数　29
抽出百分率　66
中性　12
中和滴定　35
沈殿　40
沈殿試薬　40, 81
沈殿滴定　48
沈殿平衡　41
滴定曲線　35
滴定指示薬　49
電位差滴定　88
電解質　10
電荷均衡　15
電池　73
電池図式　73
当量点　86

な

二クロム酸カリウム　86
ネルンストの式　76
濃縮　106
濃度　3

は

配位　53
配位子　53, 83, 103
配位数　53

半反応　74
比較電極　85
標準酸化還元電位　75
標準水素電極　75
標準物質　86
標準偏差　109
ファラデー定数　76
副反応係数　83
負の相関関係　113
プールベイのダイヤグラム　81
ブレンステッド　11
分子量　2
分析濃度　3
分配定数　65
分配比　66

分配平衡　65
分別沈殿　44
分離　40
平均値　109
平衡定数　6
ヘンダーソン-ハッセルバルヒの式　26

ま

見かけ電位　82
水のイオン積　12
モル　1

や

軟らかい酸　48

有機酸　67
有効桁数　109
有効数字　109
陽イオン交換樹脂　93, 97
溶解度積　41, 82
ヨウ素酸カリウム　86, 90
溶存酸素　90
容量モル濃度　3

ら

硫酸第一鉄　86
硫酸第二セリウム　86
ルイス塩基　54
ルイス酸　54
ルシャトリエの原理　5

著者略歴

加藤　正直（かとう・まさなお）

- 1978年　東北大学大学院理学研究科博士課程後期課程（化学専攻）修了
  理学博士
- 1981年　豊橋技術科学大学工学部助手
- 1989年　豊橋技術科学大学工学部講師
- 1991年　豊橋技術科学大学分析計測センター助教授
- 2002年　長岡工業高等専門学校物質工学科教授
- 2012年　長岡工業高等専門学校名誉教授
  現在に至る

塚原　聡（つかはら・さとし）

- 1988年　東北大学大学院理学研究科化学専攻博士課程後期課程 中途退学
- 1988年　東北大学理学部助手
- 1993年　博士（理学）（東北大学）
- 1995年　大阪大学理学部助手
- 2003年　大阪大学大学院理学研究科講師
- 2003年　広島大学大学院理学研究科助教授
- 2007年　広島大学大学院理学研究科准教授
- 2011年　大阪大学大学院理学研究科教授
  現在に至る

物質工学入門シリーズ
基礎からわかる分析化学　　　© 加藤正直・塚原聡　2009

【本書の無断転載を禁ず】

2009年9月30日　第1版第1刷発行
2023年3月10日　第1版第11刷発行

著　者　加藤正直・塚原聡
発行者　森北博巳
発行所　森北出版株式会社
　　　　東京都千代田区富士見 1-4-11（〒102-0071）
　　　　電話 03-3265-8341／FAX 03-3264-8709
　　　　https://www.morikita.co.jp/
　　　　日本書籍出版協会・自然科学書協会　会員
　　　　JCOPY ＜（一社）出版者著作権管理機構　委託出版物＞

落丁・乱丁本はお取替えいたします　印刷／シナノ印刷・製本／ブックアート
　　　　　　　　　　　　　　　　　組版／創栄図書印刷

Printed in Japan／ISBN978-4-627-24551-8